水果×堅果×茶葉風味
為舌尖帶來幸福滋味的32道常溫甜點

果香豐盈的私藏甜點

yuka*cm／著
安珀／譯

前言

承蒙各位購買本書，非常感謝大家。

我是食物調理搭配師yuka*cm。

這次，我把平時製作甜點的主題——褐色的常溫糕點、樸素的甜點和水果，也當成這本食譜書的主題。

在使用水果製作方面，增添了正統的常溫糕點所沒有的酸味和多汁感，而刊載的32款食譜，則是我爲了本書反覆試做了好幾次所設計出的新配方。栗子和黑醋栗、桃子和伯爵紅茶、杏桃和椰絲等，希望大家能享受到這些組合的絕妙滋味。

書中當然收錄了搭配時令水果的食譜，但是我希望大家一整年都能品嚐，所以也使用了果醬和水果乾等加工品來製作。此外，爲了避免只是在常溫糕點裡面單純添加水果，我特別設計出利用相乘效果讓糕點變得更美味的食譜。藉由水果的點綴，糕點的外型更具吸引力，所以也非常適合當成伴手禮。

前一本食譜書《可愛的樸素甜點》，承蒙許多人購買，我收到了不少回饋和感想，其中，很開心看到越來越多的人在家中享受製作正宗甜點。因爲這本書是我考量要盡可能回應大家的建議，並解決製作甜點時遇到的困擾和需求所打造的，因此希望本書能成爲大家製作甜點的日常參考。

目錄

前言——2
製作甜點的重點——6

PART. 1 整模的水果甜點

檸檬紅茶週末蛋糕——10
洋梨塔——12
胡蘿蔔蛋糕——13
藍莓奶油酥餅——18
甘夏蜜柑維多利亞蛋糕——20
草莓克拉芙緹——21
焦糖堅果塔——25
蘋果紐約乳酪蛋糕——28
反烤蘋果塔——29
栗子白巧克力抹茶磅蛋糕——34
栗子黑醋栗舒芙蕾——35
開心果覆盆子巴斯克乳酪蛋糕——40

【本書的使用方式】

- 烤箱的烘烤溫度和時間為參考標準，請視烘烤狀況增減。
- 烤箱全部都是將烤盤置於中層烘烤。
- 微波爐加熱的輸出功率設定為500W。
- 沒有特別說明的話，請直接以預熱溫度烘烤。
- 鹽1撮是指以拇指、食指、中指這3根手指捏起的分量。
- 蛋的標準是L尺寸的蛋1個＝60g，但因有個體差異，所以請先計量之後再使用。
- 1小匙＝5ml、1大匙＝15ml、1杯＝200ml。
- SILPAIN烘焙墊和SILPAT烘焙墊可以改用烘焙紙代替。

【符號說明】

- ✶ Level → 難易度的符號
- 45min → 製作時間的符號
- 30min → 烘烤時間的符號
- 1h → 靜置時間的符號
- 12h → 冷卻時間的符號

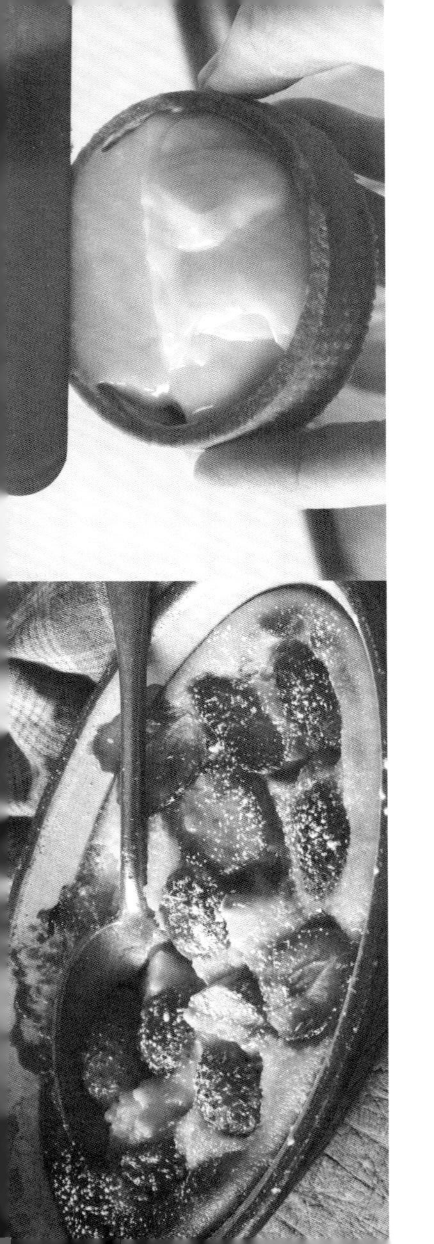

PART. 2 小巧的水果甜點

巴斯克蛋糕 —— 44
紅豆奶油杏桃達克瓦茲 —— 45
檸檬塔 —— 49
桃子伯爵紅茶馬芬 —— 52
藍莓奶油乳酪奶酥馬芬 —— 54
鳳梨培根馬芬 —— 55
焦糖香蕉核桃馬芬 —— 59
草莓杏仁蛋白霜餅乾 —— 62
杏桃椰絲費南雪 —— 64
洋梨可可費南雪 —— 66
新橋塔 —— 68
談話餅 —— 69

PART. 3 經典的水果甜點

糖漬橙片巧克力布列塔尼酥餅 —— 76
日本柚子餅乾 —— 77
蒙布朗可麗露 —— 81
葉子派 —— 84
燕麥餅乾 —— 86
覆盆子熔岩巧克力蛋糕 —— 88
蘭姆葡萄巧克力瑪德蓮 —— 89
法布魯頓 —— 92

COLUMN.

我愛用的器具 —— 42
甜點的包裝 —— 74
我愛用的器皿 —— 94
我製作甜點時必備的材料 —— 95

製作甜點的重點

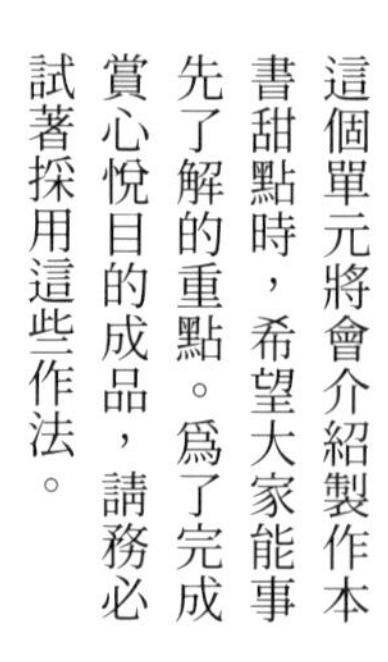

這個單元將會介紹製作本書甜點時，希望大家能事先了解的重點。爲了完成賞心悅目的成品，請務必試著採用這些作法。

準備模具

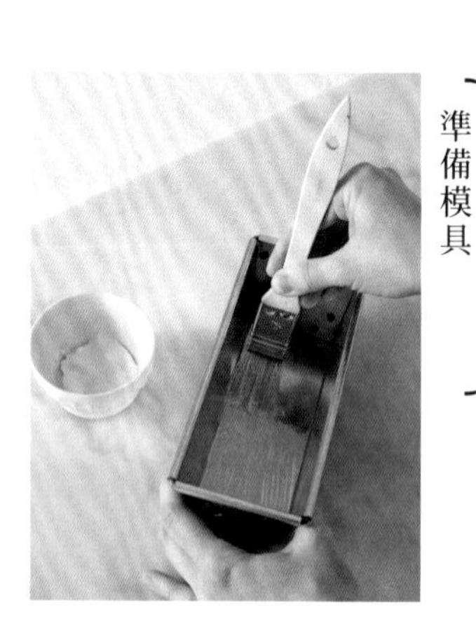

塗抹油脂

1. 將麵糊倒入模具之前的準備工作，要先使用毛刷等器具將已在常溫中回溫的無鹽奶油塗抹在模具內側。

篩撒粉類

2. 依照食譜指示，使用小濾網將高筋麵粉，或是用手指將細砂糖撒在整個模具的內側。

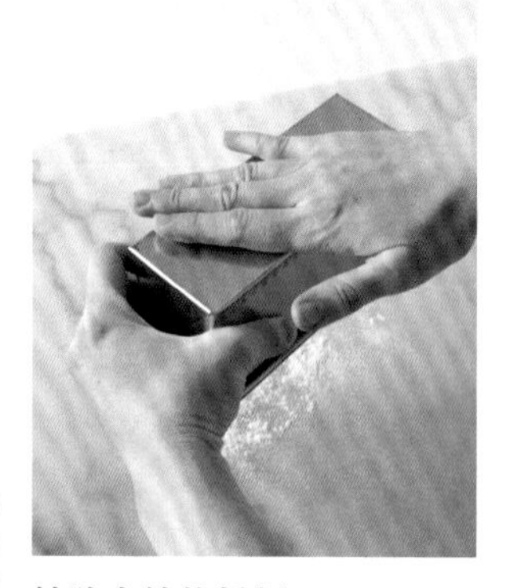

拍除多餘的粉類

3. 將模具倒扣，用手拍打底部，抖落多餘的粉類。

完成

4. 這樣就完成了。蛋糕體烤好之後，上述的前置作業能使脫模變得更加順利。

攪拌方式

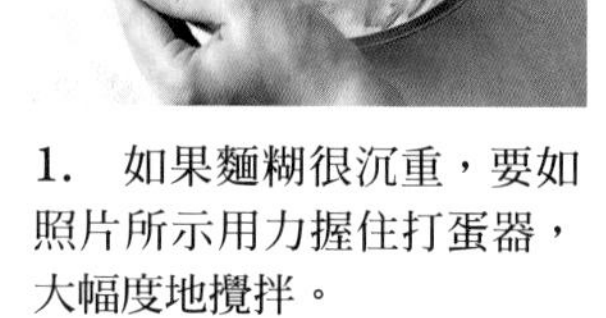

1. 如果麵糊很沉重，要如照片所示用力握住打蛋器，大幅度地攪拌。

2. 因為攪拌的時候，麵糊會漸漸蓄積在打蛋器上面，所以每次都要一邊甩落麵糊一邊攪拌。

取出麵團的方式

1. 將鉢盆傾斜，使用橡皮刮刀從底部開始聚攏麵團，將麵團集中在一起。

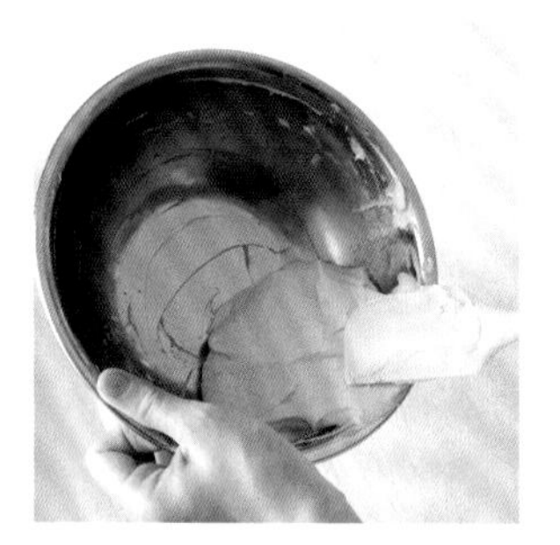

2. 最後，連橡皮刮刀邊緣的麵團也集中在鉢盆裡，就可以乾淨俐落地取出麵團。

糕點的切法

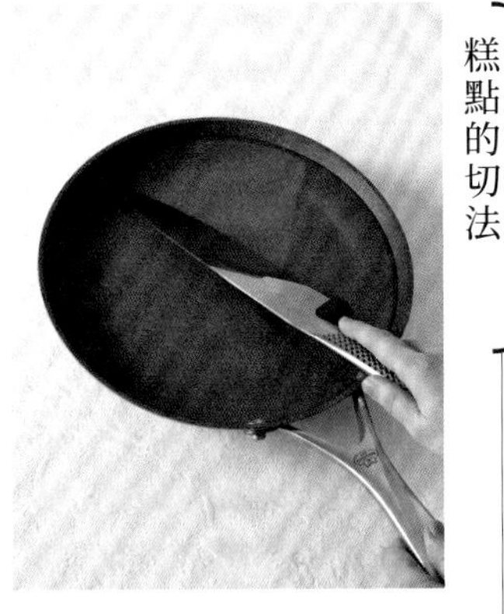

加熱刀子

1.　使用前，刀子的溫度至關重要。將刀子的刀刃浸泡在熱水中加熱。

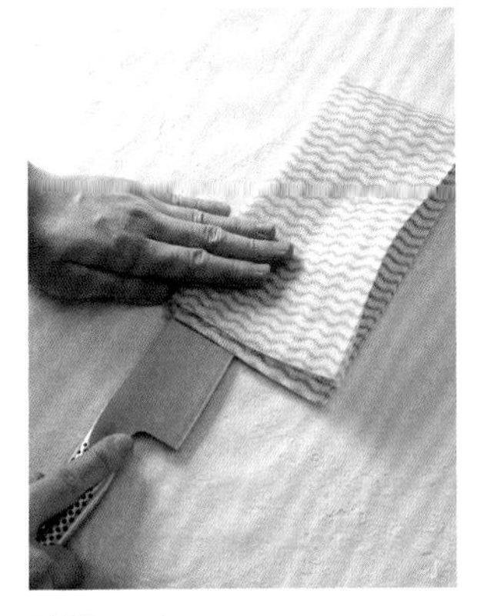

擦拭刀子

2.　將變熱的刀子從熱水中取出，用布巾等確實地擦掉水分。

不要用力切

3.　切的時候不要用蠻力去切，而是借助刀子的重量般滑順地切開。

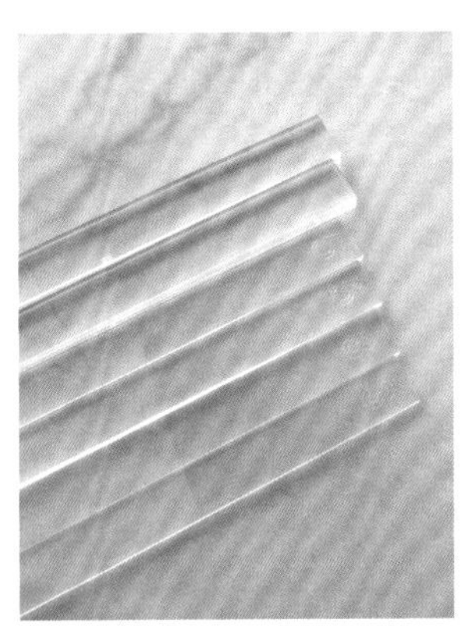

使用厚度尺

Point　如果有指定的厚度，使用這項工具就能擀出正確的厚度。將尺放置在麵團的旁邊使用。

紙模的鋪放方式

將烘焙紙交叉成十字形

1.　首先，將2張裁切成長條形的烘焙紙垂直交叉成十字形。

鋪在側面和底部

2.　接著，將烘焙紙沿著模具的側面以及底面的輪廓鋪放上去。

擀平麵團的方式

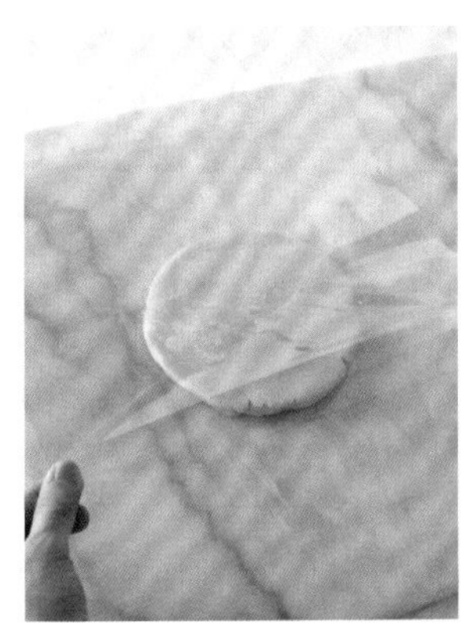

以OPP塑膠膜夾住

1.　為了避免麵團沾黏料理板或雙手，以OPP塑膠膜上下包夾麵團（烘焙紙亦可）。

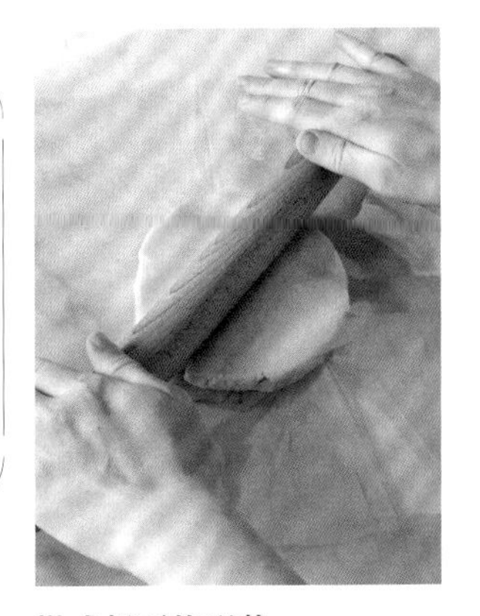

擀成想要的形狀

2.　以擀麵棍擀平的時候，一邊想像著圓形、方形、長方形等欲完成的形狀，一邊擀平。

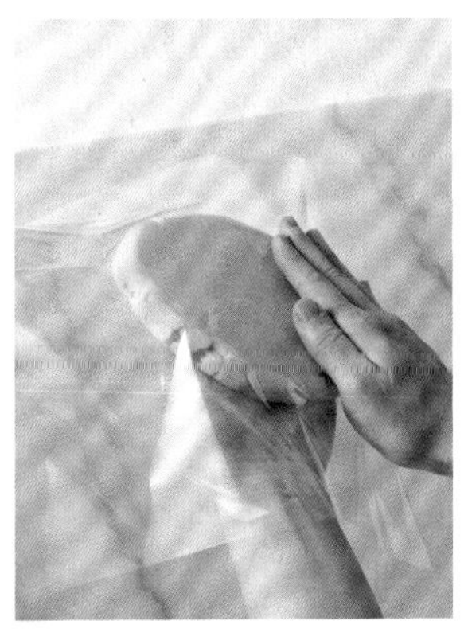

背面也要擀平

3.　翻面好幾次，將麵團的兩面都均勻地擀平成一致的厚度。

【製作甜點時意想不到的重要訣竅】

烤箱的溫度非常重要！可以的話，準備好烤箱溫度計，以便掌握正確溫度。

溫度上升的方式因烤箱機型而異，所以無法達到指定的溫度時，請以追加預熱時間等方法因應。

開始製作時，可能會遇到需要快速處理的步驟，所以最好一開始就將器具準備齊全，這樣比較安心。

奶油放在常溫中回溫需要一段時間。在開始製作甜點之前，先從冰箱取出奶油，讓其柔軟度變成可以用手指按壓下去的程度。

有時會使用好幾種粉類，先全部混合之後再以網篩過篩吧。

遇到烘烤完成的糕點不易從模具取出時，將較小型的抹刀等器具的前端稍微插入模具中，就能輕易取出糕點。

【有的話會很方便】

美可優可可脂粉

粉末狀的可可粉。用於要將少量的巧克力調溫時很方便。

乾燥劑

想要保存酥脆的甜點時，或是想把甜點贈送給他人時，經常會使用乾燥劑。保存的時候，要與甜點一起放入密封的保鮮盒等容器之中。

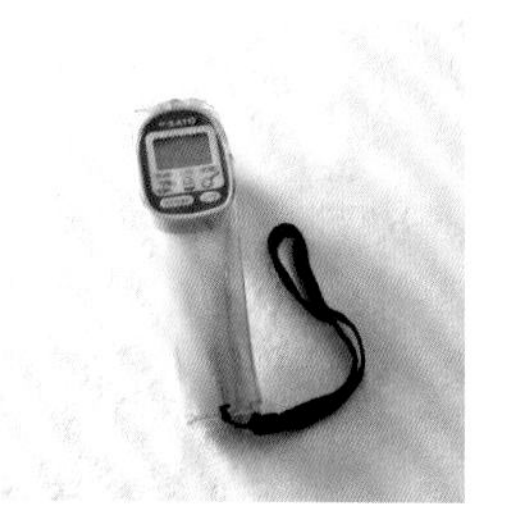

溫度計

想要分毫不差地掌握溫度時所使用的溫度計。不需要直接碰觸到食品，瞬間就能測量出物體溫度，非常方便。

刀子

如果有小型的小刀或是抹刀，就能輕鬆處理超出模具的麵皮，或是從模具中取出烤好的甜點。

【關於甜點的保存】

餅乾類

餅乾或蛋白霜餅乾類的甜點，要保存在放有乾燥劑的密閉容器中。

馬芬類

以保鮮膜包覆，如果分量很多的話就冷凍保存。在食用的前一天先移至冷藏室，之後以小烤箱回烤就能享用到美味的馬芬。

乳酪蛋糕類

確認中心是否確實降溫之後，包覆保鮮膜，放在冷藏室中保存。

PART. 1

整模的水果甜點

檸檬紅茶週末蛋糕

這是以檸檬紅茶為靈感來源的甜點。為了能夠簡單地做出質地濕潤的週末蛋糕，我反覆試了好幾次。製作重點在於淋上較厚的覆面糖霜。最後完成了一款可以充分感受到酸味的蛋糕。

材料 — 磅蛋糕模具（180㎜×70㎜×高65㎜）1模份

【週末蛋糕麵糊】
無鹽奶油…100g
細砂糖…90g
轉化糖…15g
檸檬皮…1/2個份
檸檬汁…15g
全蛋…130g
A
─低筋麵粉…115g
　杏仁粉…15g
　泡打粉…2g
茶葉（伯爵紅茶）…2g

使用的水果
檸檬

【覆面糖霜】
糖粉…150g
檸檬汁…28g

前置作業
・檸檬皮刨成碎屑，再榨出果汁備用。
・全蛋於常溫回溫備用。
・A混合過篩備用。
・覆面糖霜中的糖粉過篩後備用。
・茶葉以攪碎機等器具細細攪碎（如果是茶包中的茶葉，可以直接使用）。
・將已在常溫回溫的奶油（分量外）薄塗在磅蛋糕模具內側，撒上高筋麵粉後將多餘的粉拍除備用（用烘焙紙亦可）。
・烤箱連同烤盤一起預熱至170℃。

Memo
・週末蛋糕切下來的部分，可以拿來試嚐味道！
・不切除山形的部分，直接淋上覆面糖霜也可以◎。

★★ Level
20min
40min
12h

週末蛋糕麵糊

1. 將奶油放入缽盆中，隔水加熱至40°C左右融化。

2. 放入細砂糖和轉化糖，以打蛋器攪拌，再加入檸檬皮和檸檬汁攪拌。

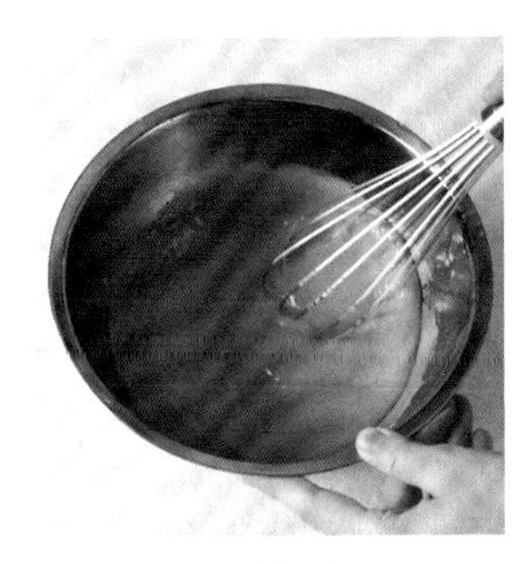

3. 加入全蛋攪拌。

4. 加入A和茶葉攪拌。

5. 倒入模具中，以170℃的烤箱烘烤40分鐘。

6. 趁著微溫時，以保鮮膜緊貼著包覆起來，靜置一個晚上。

覆面糖霜

7. 將糖粉放入缽盆中，加入檸檬汁充分攪拌均勻。

完成

8. 將靜置一晚的6取下保鮮膜，然後切除變成山形的部分。

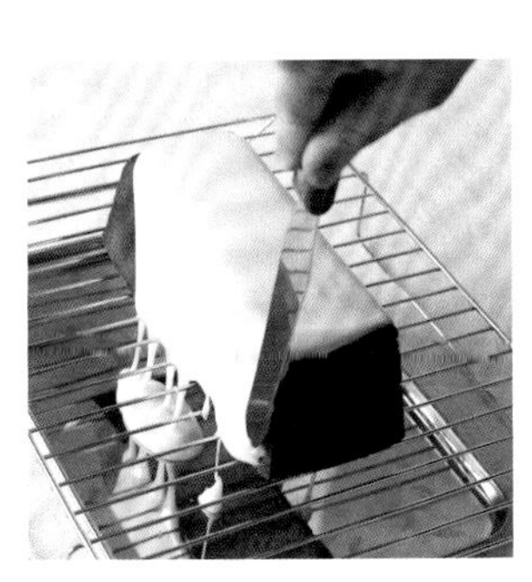

9. 網架底下墊著調理盤，將蛋糕的切面朝下放在網架上，整體淋上覆面糖霜。沒有淋到的部分以抹刀等器具迅速塗抹後，不要移動，放置到糖霜乾燥為止。

洋梨塔

說到烤好就能享用，不需要額外裝飾的塔，非經典的洋梨塔莫屬。在食譜中嘗試使用開心果粉做出奢侈的成品。閃閃發亮的糕點感覺也很特別，雖然要多花點材料費，但請務必試做看看。

← p.14

使用的水果 x 西洋梨

胡蘿蔔蛋糕

在品嚐過各家甜點並評比之後，我最喜歡胡蘿蔔蛋糕，因爲太喜歡了，所以至今都無法設計出食譜，但是這次我終於迎接了挑戰，製作出一款充滿我個人喜好的胡蘿蔔蛋糕。

← p.16

使用的水果 ✕ 鳳梨、葡萄乾

p.12 →

洋梨塔

材料——18cm塔模具（上徑190mm×底徑170mm×高24mm）1模份

【塔皮麵團】
無鹽奶油⋯75g
糖粉⋯55g
鹽⋯1撮
全蛋⋯30g
低筋麵粉⋯130g
杏仁粉⋯15g

【開心果奶油醬】
無鹽奶油⋯50g
香草莢醬⋯2g
糖粉⋯50g
全蛋⋯50g
開心果粉⋯60g
西洋梨（罐頭）⋯切半4個
鏡面果膠⋯適量
開心果⋯適量

塔皮麵團

1. 將奶油放入缽盆中，以打蛋器研磨攪拌。加入糖粉和鹽，慢慢研磨攪拌至沒有粉粒為止。

2. 將全蛋大約分成2次加入缽盆中，每次加入時都要充分攪拌均勻。

3. 加入低筋麵粉以及杏仁粉，再以橡皮刮刀大幅度地翻拌。

↓

4. 如照片所示集中成團之後，取出麵團，以保鮮膜包覆起來。

5. 如照片所示擀成厚度均等的麵團，放入冷藏室中靜置一個晚上。

開心果奶油醬

6. 將奶油放入缽盆中，以打蛋器研磨攪拌。加入香草莢醬攪拌。接著再加入糖粉，慢慢研磨攪拌至沒有粉粒為止。

7. 將全蛋大約分成3次加入缽盆中，每次加入時都要充分攪拌均勻。

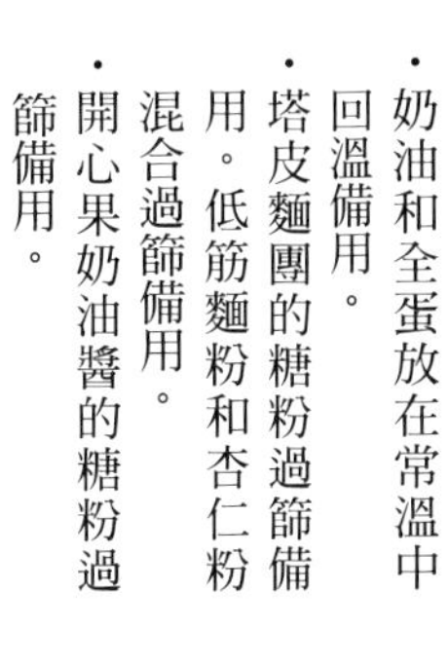

前置作業

・奶油和全蛋放在常溫中回溫備用。

・塔皮麵團的糖粉過篩備用。低筋麵粉和杏仁粉混合過篩備用。

・開心果奶油醬的糖粉過篩備用。

Level

30min

45min

14h

Memo

・把開心果粉換成杏仁粉，就變成正統的洋梨塔了。

・作法15在最後完成時以瓦斯噴槍炙烤能使成品更有模有樣，但是不做任何加工也沒問題。視個人喜好而定。

8. 加入開心果粉，以橡皮刮刀攪拌至均勻為止。放在冷藏室中靜置1小時。

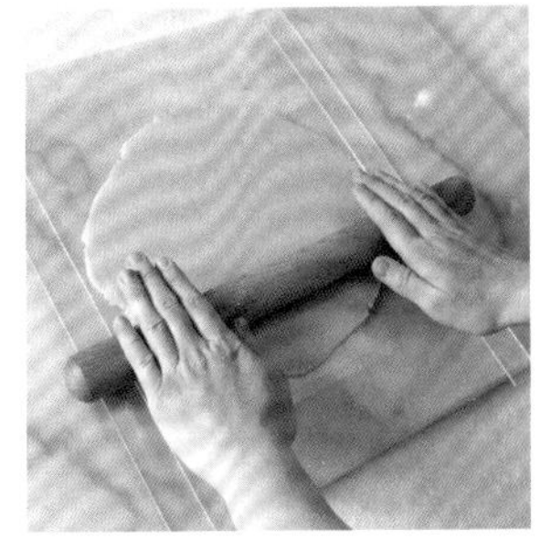

9. 將5的塔皮麵團搓揉成團之後，擀成3㎜厚的麵皮，放在冷藏室中靜置30分鐘。

10. 準備塔模具。如果塔的底部會不容易烤熟，只要先卸下模具的底部，就可以充分烘烤。

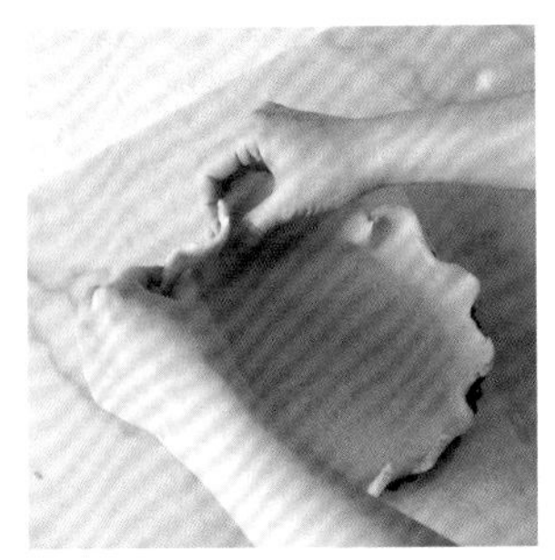

11. 將9確實地鋪進塔模具中，然後再次放入冷藏室中靜置30分鐘。以小刀等器具切除超出塔模具的部分。

完成

12. 將8的開心果奶油醬填入11之中，再抹平使整體厚度一致。

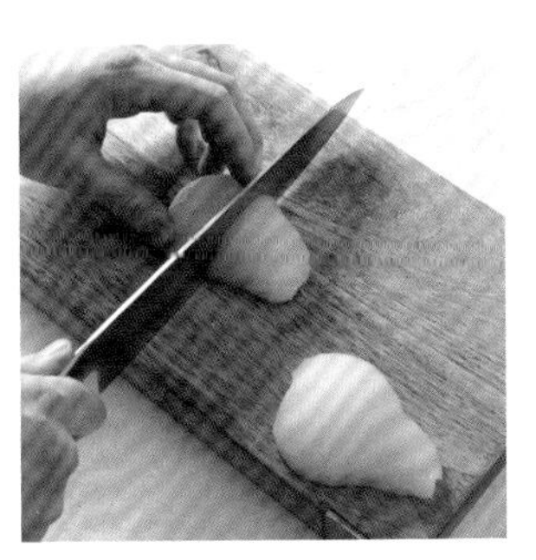

13. 西洋梨要徹底擦除掉糖漿，然後切成寬度約5㎜的薄片。

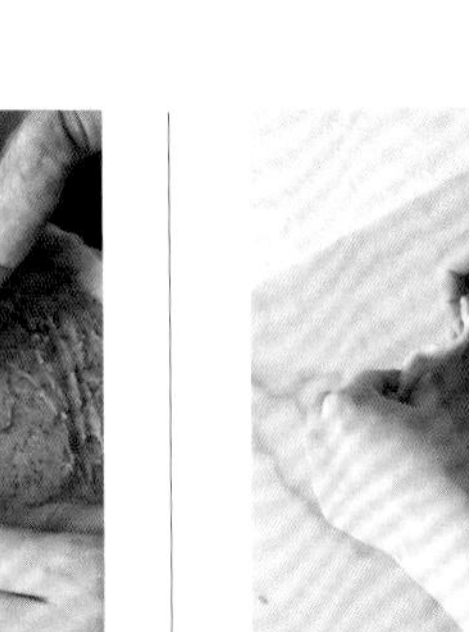

14. 逐片稍微錯開位置再排列在12的上面，以預熱至170℃的烤箱烘烤45分鐘。

15. 放涼之後以瓦斯噴槍炙烤，然後再用毛刷塗上鏡面果膠。

16. 最後從上方撒下切碎的開心果。

胡蘿蔔蛋糕

材料—方形模具（15cm×15cm）1模份

【胡蘿蔔蛋糕麵糊】

- 胡蘿蔔…120g
- 鳳梨…60g
- 全蛋…60g
- 細砂糖…40g
- 紅糖…50g
- 鹽…2g
- 太白胡麻油…60g
- A
  - 低筋麵粉…100g
  - 杏仁粉…20g
  - 泡打粉…3g
  - 小蘇打粉…2g
  - 肉桂粉…3g
  - 肉豆蔻粉…1g
- 核桃…20g
- 椰絲…10g
- 葡萄乾…20g

【糖霜】

- 奶油乳酪…150g
- 無鹽奶油…30g

胡蘿蔔蛋糕麵糊

1. 胡蘿蔔以蔬菜切碎機切成細絲，鳳梨切碎備用。

2. 將全蛋放入缽盆中，以打蛋器打散成蛋液，接著加入細砂糖、紅糖、鹽攪拌。加入太白胡麻油，充分攪拌直到乳化為止。

3. 加入A，以橡皮刮刀攪拌至還殘留少許粉粒為止。

糖霜

7. 將糖霜的全部材料以橡皮刮刀混合攪拌。

完成

8. 將6烤好的蛋糕體橫切成一半。

9. 以抹刀將半量的糖霜均勻塗抹在下面那片蛋糕體的切面部分。

★★
Level

30min

45min

4. 加入 1 的胡蘿蔔、鳳梨、核桃、椰絲以及葡萄乾，混合攪拌。

5. 將 4 倒入模具中。

6. 以170℃的烤箱烘烤45分鐘，充分放涼備用。

10. 將切開的另一片蛋糕體疊放在 9 的上面，再將剩餘的半量糖霜塗抹在表面。依照個人喜好，以鳳梨乾裝飾。

⤫ Memo ⤫

・先放在冷藏室中冷卻之後再橫切成片比較不容易碎裂掉屑。不把糖霜當成夾餡，而是全部塗抹在表面也OK。
・請充分冷卻，味道融合之後再享用吧！

糖粉…15g
檸檬汁…8g

鳳梨乾…適量

前置作業
・全蛋於常溫回溫備用。
・A混合過篩備用。糖粉過篩備用。
・核桃以160℃的烤箱烘烤10分鐘之後，大約切成2等分備用。
・將烘焙紙鋪在方形模具中備用。
・烤箱連同烤盤一起預熱至170℃。
・糖霜的奶油乳酪和奶油要在開始製作之前放在常溫中回溫備用。

藍莓奶油酥餅

藍莓粉在烘烤完成之後，依然保有豐富的紫色色調，所以可以做出非常可愛的甜點。藍莓恰到好處的酸和帶有深度的甜，爲樸素的奶油酥餅增添獨特的風味，展現出全新的口感饗宴。

使用的水果
藍莓粉

Level

10min

1h

1h

材料——15cm塔模具（上徑150mm×底徑140mm×高18mm）1模份

無鹽奶油…80g
細砂糖…40g
鹽…1撮
低筋麵粉…110g
藍莓粉…15g
細砂糖（最後裝飾用）…適量

前置作業

・奶油先放在常溫中回溫備用。
・低筋麵粉和藍莓粉混合過篩備用。

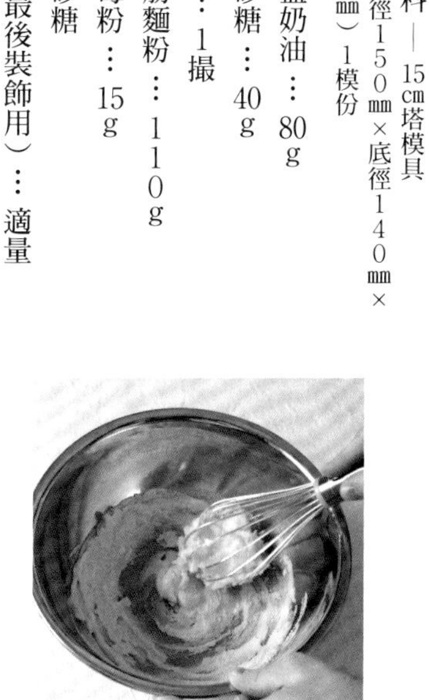

1. 將奶油放入缽盆中，以打蛋器研磨攪拌。加入細砂糖和鹽，慢慢研磨攪拌。

2. 加入低筋麵粉以及藍莓粉，接著以橡皮刮刀輕輕混合成團。

3. 直接用手將所有材料聚攏成一團。

4. 將3填滿整個模具，將細砂糖均勻地撒滿整個麵團表面。

5. 以刀子劃入切痕分成8等分，再以長筷等器具戳洞，然後整體放進冷藏室中冷卻1小時。

6. 放入連同烤盤一起預熱至130℃的烤箱中烘烤1小時。趁還微溫的時候切成8等分。

Memo

・沒有模具的話，請用手調整形狀之後放在烘焙紙上烘烤。
・因為事先劃入了切痕，用手就能輕鬆地掰開，所以也可以在烤好後不分切，以完整1模的狀態當做禮物送人。

甘夏蜜柑維多利亞蛋糕

在英國很受歡迎的維多利亞蛋糕，我以微帶苦味的甘夏蜜柑果醬和奶油乳酪作爲夾餡，試著爲蛋糕添加一點日本風味。烤成像帳蓬一樣突起的山形外觀也很可愛。

← p.22

使用的水果

甘夏蜜柑果醬

草莓克拉芙緹

這是本書中最簡單的食譜。濃稠的蛋奶糊和溫熱酸甜的草莓組合在一起，令人不知不覺一口接一口。最推薦搭配草莓，但其實不論什麼水果都很適合，所以請用時令鮮果製作，好好地享用。

← p.24

使用的水果
草莓

p.20 →

甘夏蜜柑 維多利亞蛋糕

材料—12㎝圓形模具（φ120㎜×高60㎜）1模份

【維多利亞蛋糕麵糊】
- 無鹽奶油…70g
- 糖粉…60g
- 全蛋…80g
- 低筋麵粉…75g
- 泡打粉…1g
- 牛奶…15㎖

【奶油醬】
- 無鹽奶油…30g
- 烘焙用白巧克力…20g
- 鮮奶油（動物性35%左右）…10g
- 香草莢醬…0.5g
- 甘夏蜜柑果醬…適量
- 糖粉…適量

維多利亞蛋糕麵糊

1. 將奶油放入缽盆中，以打蛋器攪拌成乳霜狀。

2. 加入糖粉，攪拌至變得柔軟泛白為止。

3. 將全蛋大約分成4次加入缽盆中，每次加入時都要充分攪拌均勻。

7. 將隔水加熱融化的巧克力和鮮奶油充分乳化之後，加入6之中攪拌。

8. 將香草莢醬也加進去，繼續攪拌。

完成

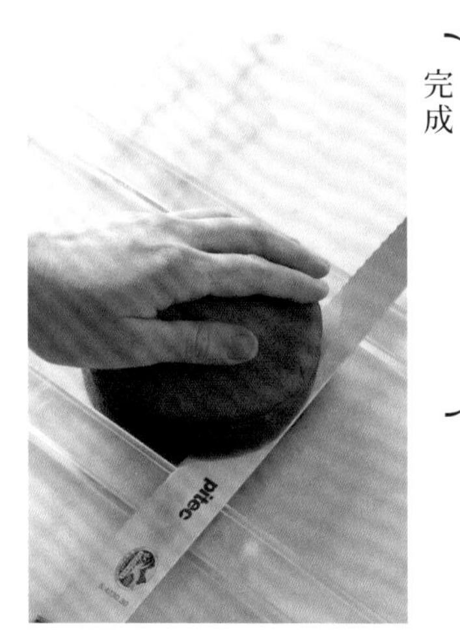

9. 將5橫切成一半。

★★
Level

25min

35min

前置作業

・奶油、全蛋和牛奶放在常溫中回溫備用。
・糖粉過篩備用。
・低筋麵粉和泡打粉混合過篩備用。
・將烘焙紙鋪在模具中。
・烤箱連同烤盤一起預熱至180℃。

4. 加入低筋麵粉和泡打粉，以橡皮刮刀大幅度地翻拌，翻拌至粉粒幾乎消失時再加入牛奶，混合攪拌。

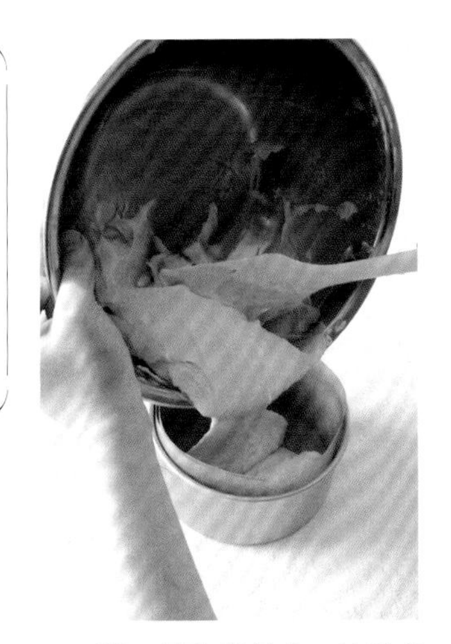

5. 將4倒入模具中，抹平表面。以180℃的烤箱烘烤35分鐘，然後充分放涼備用。

奶油醬

6. 將奶油放入缽盆中，以打蛋器攪拌成乳霜狀備用。

10. 將甘夏蜜柑果醬和奶油醬塗抹在切面，然後以另一片蛋糕夾起來。

11. 依個人喜好，以小濾網撒上糖粉。

Memo

・作法1～3，使用手持式電動攪拌器的話，就可以輕鬆完成。
・如果奶油醬變軟了，請放入冷藏室中稍微冷卻一下之後再塗抹夾餡。
・完成後請將蛋糕放在冷藏室中保存。若要切塊，也是先將蛋糕冷卻之後再切，可以切得比較漂亮。

p.21 →

草莓克拉芙緹

材料——18cm橢圓形模具的焗烤盤2盤份

細砂糖……60g
低筋麵粉……14g
鹽……1撮
全蛋……60g
蛋黃……10g
香草莢醬……2g
鮮奶油（動物性47%左右）……100g
牛奶……100mℓ
草莓……150g

前置作業

- 低筋麵粉過篩備用。
- 全蛋和蛋黃分別計量之後混合備用。
- 草莓視尺寸大小，大顆的草莓先切半備用。
- 烤箱連同烤盤一起預熱至180℃。

Level
5min
25min

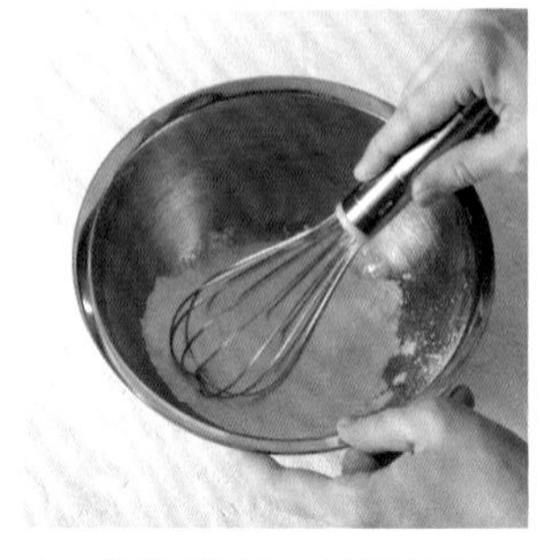

1. 將細砂糖、低筋麵粉、鹽放入缽盆中，以打蛋器一圈圈地攪拌。

2. 加入全蛋、蛋黃和香草莢醬攪拌。

3. 依序加入鮮奶油以及牛奶，每次加入時都要攪拌。

4. 過濾3的麵糊。

5. 將草莓排列在焗烤盤的裡面。

6. 將4從5的上方倒入焗烤盤中。以180℃的烤箱烘烤25分鐘。

Memo

- 剛出爐或冰涼之後都很美味，可以享用2種不同的風味。

焦糖堅果塔

瑞士的鄉土點心。酥脆易碎的塔皮中塡滿了摻入大量堅果的牛軋糖。這份食譜調整配方，添加了無花果乾。粒粒分明的感覺恰到好處，爲口中帶來獨特的風味。

← p.26

使用的水果
×
無花果乾

p.25 →

焦糖堅果塔

材料 — 18cm塔模具（上徑190mm×底徑170mm×高24mm）1模份

【塔皮麵團】
無鹽奶油…150g
糖粉…110g
鹽…1撮
全蛋…30g
蛋黃…30g
低筋麵粉…260g

【內餡】
細砂糖…70g
鮮奶油（動物性35%左右）…100g
蜂蜜…20g
水麥芽…20g
無鹽奶油…30g
喜愛的堅果…100g
無花果乾…50g
蛋黃（上光用）…10g
牛奶（上光用）…1/4小匙

塔皮麵團

1. 將奶油放入缽盆中，以打蛋器研磨攪拌。加入糖粉和鹽，慢慢研磨攪拌至沒有粉粒為止。

2. 將全蛋和蛋黃大約分成2次加入缽盆中，每次加入時都要充分攪拌均勻。

3. 加入低筋麵粉，以橡皮刮刀大幅度地翻拌。

4. 如照片所示，可以聚攏成一團時，將麵團取出。

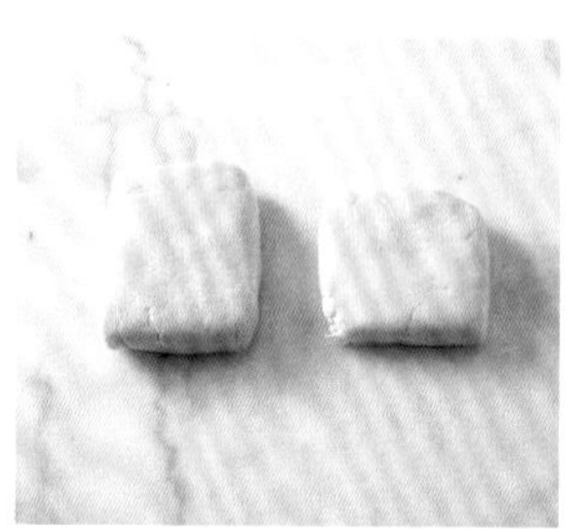

5. 將4分成2份，分別為230g和剩餘的部分，以保鮮膜包起來。將包著保鮮膜的麵團擀成均勻的厚度，然後在冷藏室中放置一晚。

內餡

6. 將細砂糖放入單柄鍋之中，再以中火加熱熬煮成焦糖狀。

7. 將鮮奶油、蜂蜜以及水麥芽放入耐熱的缽盆中，以500W的微波爐加熱40秒之後攪拌。

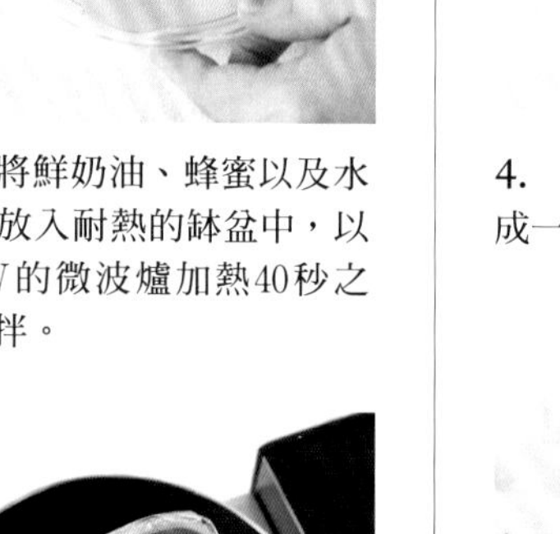

8. 將7加入6之中，拌勻之後將奶油也加進去，煮到水分收乾，溫度達到110℃為止。

9. 加入堅果和無花果乾，拌勻之後倒入調理盤等容器中攤平，放涼備用。

Level

40min

50min

13h

前置作業

・奶油先放在常溫中回溫備用。

・糖粉以及低筋麵粉過篩備用。

・全蛋和蛋黃分別計量之後混合，放在常溫中回溫備用。

・堅果以160℃的烤箱烘烤10分鐘備用。

・如果無花果乾較大顆，可以切成4等分備用。

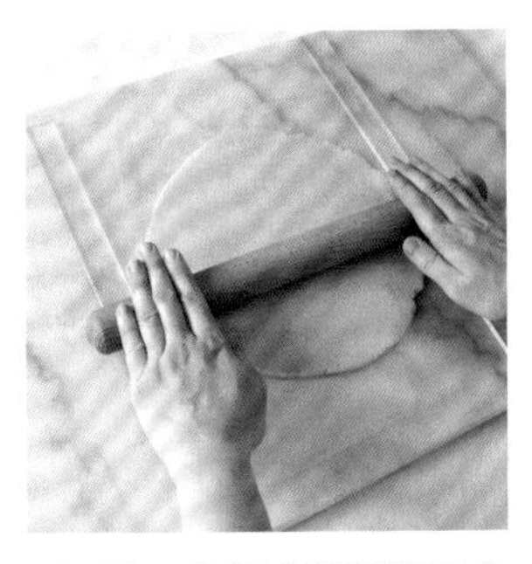

10. 將5的塔皮麵團搓揉成團之後，分別擀成5㎜厚的麵皮，放入冷藏室中靜置30分鐘。

11. 將重量不是230g的那張麵皮確實地鋪進塔模具裡，然後再次放入冷藏室中靜置30分鐘。

完成

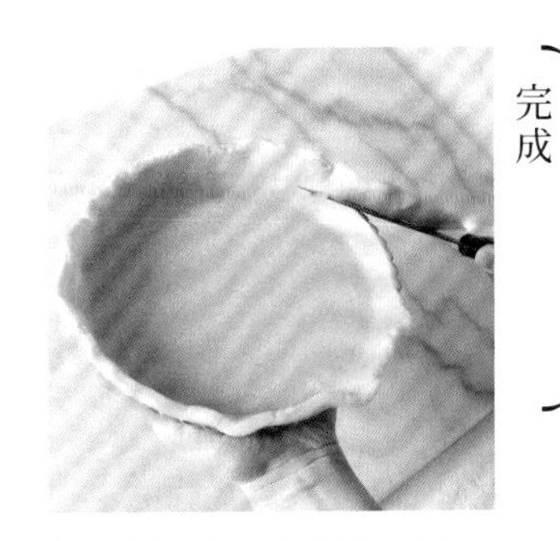

12. 超出模具的部分，以小刀等器具切除備用。

13. 將9的內餡滿滿填入12之中。

14. 將230g的麵皮覆蓋在內餡上面，以免空氣進入。

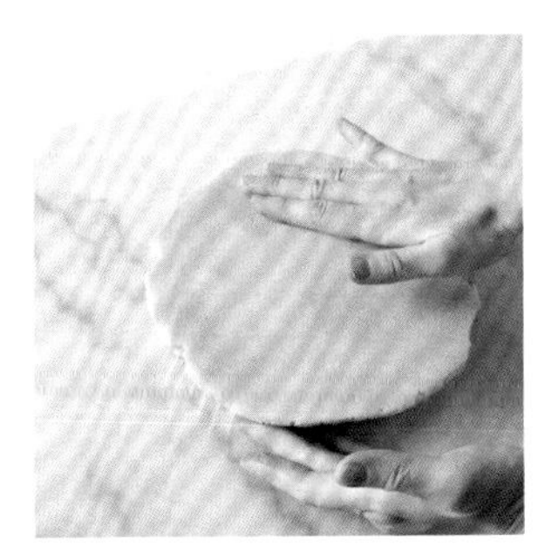

15. 沿著邊緣，以手指將超出模具的部分壓斷。

16. 將上光（為了在烘烤完成時呈現光澤，將蛋液塗在麵皮上面）用的蛋黃和牛奶混合備用。

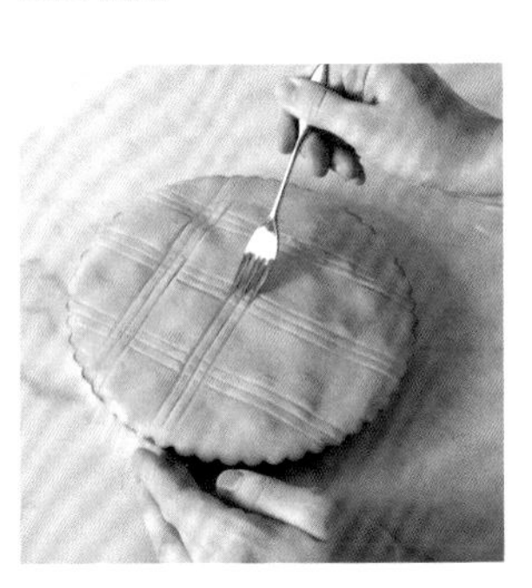

17. 完成上光之後，以叉子刻劃出紋路。先用牙籤大約戳5個洞，然後以預熱至170℃的烤箱烘烤50分鐘。

Memo

・烘烤完成之後稍微放涼，比較容易脫模。此外，放置一晚之後比較容易切開。

蘋果
紐約乳酪蛋糕

在質地濕潤的紐約乳酪蛋糕裡拌入焦糖蘋果，製作出這款滋味別具一格的乳酪蛋糕。肉桂的風味突顯出蛋糕的美味。切開之後的切面也非常可愛。

← p.30

使用的水果 ╳ 蘋果

反烤蘋果塔

在紅玉蘋果盛產的季節，讓人忍不住想動手製作的季節限定特殊甜點。可以品嚐到蘋果的原汁原味。請務必確認可以做出漂亮成品的訣竅。也推薦大家添加鮮奶油霜或冰淇淋一起享用。

← p.32

使用的水果）蘋果

p.28 →

蘋果紐約乳酪蛋糕

材料——15㎝圓形模具（φ150㎜×高60㎜）1模份

【餅乾底】
無鹽奶油…30g
全麥餅乾…60g
喜愛的堅果…10g
肉桂粉…0.5g

【焦糖蘋果】
蘋果…1個
細砂糖…25g
有鹽奶油…10g
肉桂粉…1g

【乳酪蛋糕乳酪糊】
烘焙用白巧克力…30g
鮮奶油（動物性47%左右）…70g
奶油乳酪…200g
酸奶油…100g
細砂糖…50g
全蛋…50g

餅乾底

1. 將奶油隔水加熱融化。

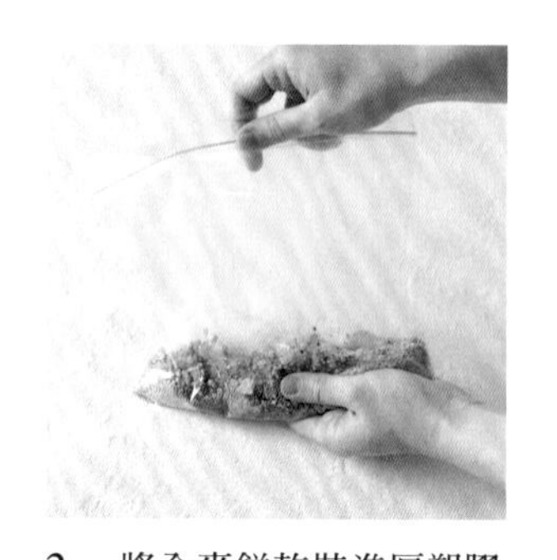

2. 將全麥餅乾裝進厚塑膠袋中，以擀麵棍等器具細細敲碎，然後加入堅果、肉桂粉、1的奶油一起搓揉。

3. 將2緊緊地鋪滿模具的底部，然後放入冷藏室中冷卻備用。

焦糖蘋果

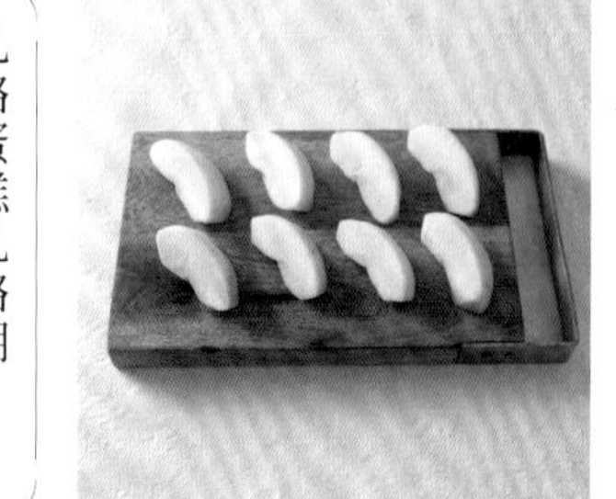

4. 將蘋果削皮之後，切成8等分。

5. 將細砂糖放入平底鍋之中，以中火加熱，待變成焦糖狀之後加入蘋果。

6. 以小火將蘋果炒到變軟之後，加入奶油和肉桂粉沾裹在蘋果上，然後關火，放涼備用。

乳酪蛋糕乳酪糊

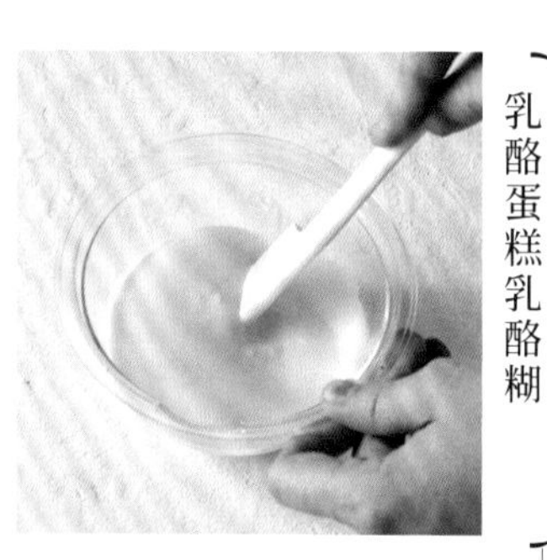

7. 將加熱至沸騰冒泡的鮮奶油倒入切細碎的白巧克力中，充分攪拌至乳化為止。

8. 取另一個缽盆，放入奶油乳酪和酸奶油，以橡皮刮刀攪拌至變得滑順。

9. 將細砂糖加入8之中，以橡皮刮刀攪拌。

★★ Level

40min

45min

1h

12h

蛋黃：20g
玉米粉：15g

前置作業

・堅果以160℃的烤箱烘烤10分鐘之後，細細切碎備用。
・奶油乳酪、酸奶油分別放在常溫中回溫備用。
・全蛋和蛋黃分別計量之後混合，放在常溫中回溫備用。
・將烘焙紙鋪在圓形模具中備用。
・烤箱連同烤盤一起預熱至160℃。

10. 將全蛋和蛋黃大約分成2次加入9之中，每次加入時都要以打蛋器攪拌。

11. 將7加入10之中攪拌，然後將玉米粉一邊過篩一邊加入攪拌。

12. 如果有結塊殘留，就將乳酪糊過濾一次。

13. 將1/3的乳酪糊倒在餅乾底的上面，然後排列焦糖蘋果。

14. 從上方倒入剩餘的乳酪糊。

15. 在比模具大的調理盤容器倒入滾水，高度約3㎝，然後放上14，以160℃的烤箱隔水烘烤45分鐘。烘烤完畢後，不要取出，讓蛋糕在烤箱內降溫1小時，接著再放進冷藏室冷卻一晚。

Memo

・排列焦糖蘋果時避開正中央，烘烤完成後會比較容易切開。
・如果使用的不是底部可拆卸的模具，就要如3的照片所示，先在模具形狀的烘焙紙底下墊一個交叉成十字形的烘焙紙。之後拉起十字形烘焙紙，即可輕鬆脫模。如果是底部可拆卸的模具，請用2層鋁箔紙包住底部，以免隔水烘烤時，熱水滲入模具裡。

p.29 →

反烤蘋果塔

材料 — 12㎝圓形模具（φ120㎜×高60㎜）1模份

蘋果（紅玉）…4個（淨重700g左右）

細砂糖…100g

無鹽奶油…35g

派皮（冷凍）約18×18㎝…1張

焦糖蘋果

1. 蘋果去皮後切成6等分。保留蘋果皮備用（推薦使用不易煮爛的紅玉品種）。

2. 將半量的細砂糖放入平底鍋中，以中火加熱。等到變成焦糖狀之後關火，再加入奶油攪拌。

3. 加入蘋果，沾裹焦糖，再加入剩餘的細砂糖輕輕攪拌，然後在平底鍋的邊緣放入之前保留備用的蘋果皮。

7. 擠壓5的蘋果皮，將擠出來的煮汁加入模具中。

8. 以連同烤盤一起預熱至180℃的烤箱烘烤30分鐘，然後以橡皮刮刀等器具緊緊地壓平，放在冷藏室中一晚，充分冷卻。

完成

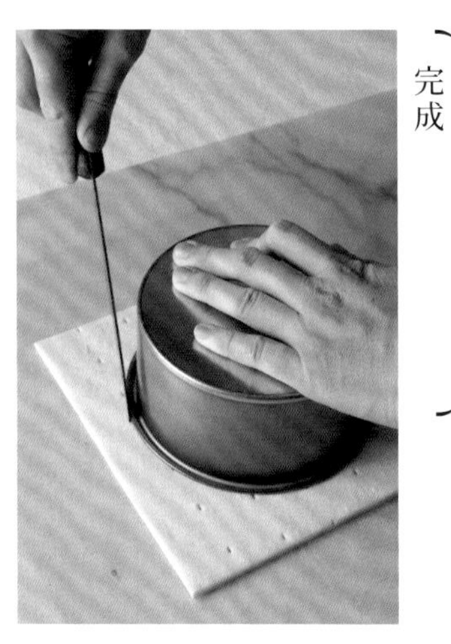

9. 將派皮半解凍之後，切出比直徑12㎝大上一圈的派皮。

Level

55min

30min/
28min

12h

4. 以烘焙紙等作為落蓋，小火煮大約40分鐘，煮到蘋果變軟、煮汁變得濃稠為止。中途要輕柔地攪拌。

5. 照片為蘋果煮好之後的狀態。將蘋果皮放入調理盤中放涼備用。

6. 將 5 一邊沾裹煮汁一邊毫無間隙地填滿模具。殘留在平底鍋中的煮汁也毫不保留，全部倒入模具中。

10. 將 9 放在鋪有SILPAT烘焙墊的烤盤上，以預熱至200℃的烤箱烘烤8分鐘之後取出，接著在派皮上疊放烘焙紙和烤盤，從正上方壓扁派皮，並以壓著烤盤的狀態再烤20分鐘。

←

11. 為了讓 8 順利脫模，先以瓦斯噴槍加熱或是隔水加熱，然後將 8 覆蓋在派皮上，取下模具。

Memo

- 使用新鮮的蘋果、充分擠出蘋果皮中的果膠，是做出漂亮成品的訣竅。
- 焦糖可能會從模具之中溢出，但只要在模具底下墊著鋁箔紙等進行烘烤就不用擔心。

栗子白巧克力抹茶磅蛋糕

我嘗試使用自己喜歡的組合製成磅蛋糕。加入鬆軟的栗子和濃厚的抹茶烘烤而成的蛋糕體，質地濕潤，搭配披覆在表層、口感酥脆的乳白巧克力糖霜，營造出適合成年人的絕妙日式風味。

← p.36

使用的水果

栗子澀皮煮

栗子黑醋栗舒芙蕾

舒芙蕾的法文soufflé是「膨脹起來」的意思。如名稱所示蓬鬆柔軟膨脹的舒芙蕾和黑醋栗醬汁非常對味，是屬於大人的口味。這款特殊的甜點因爲一出爐就會開始塌陷，所以要在短時間內盡快享用。

← p.38

使用的水果
栗子泥
黑醋栗果泥

p.34 →

栗子白巧克力抹茶磅蛋糕

材料——磅蛋糕模具（180mm×70mm×高65mm）1模份

- 無鹽奶油…100g
- 黍砂糖…80g
- 全蛋…120g
- A
  - 低筋麵粉…100g
  - 泡打粉…2g
  - 抹茶…12g
- 蘭姆酒…5g
- 栗子澀皮煮…5個
- 烘焙用白巧克力…100g
- 抹茶粉（最後裝飾）…適量

1. 將奶油放入缽盆中，以打蛋器攪拌成乳霜狀。

2. 加入黍砂糖，攪拌至蓬鬆泛白為止。

3. 將全蛋大約分成4次加入缽盆中，每次加入時都要充分攪拌均勻。

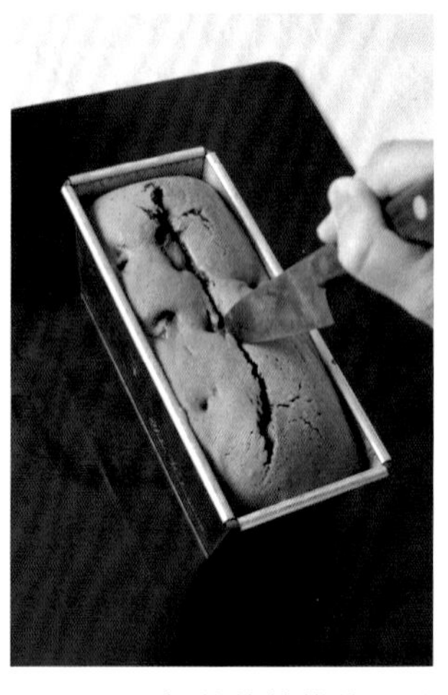

7. 以170℃的烤箱烘烤15分鐘之後，將刀子用水沾濕，在蛋糕上面縱向切入刀痕，接著再烘烤25分鐘。

8. 在蛋糕還帶著微溫時，以保鮮膜緊貼著蛋糕包覆起來，靜置一晚。

9. 將白巧克力調溫之後，澆淋在磅蛋糕上。

4. 加入A之後以橡皮刮刀大幅度地翻拌，拌至還殘留少許粉粒時，加入蘭姆酒混拌。

5. 將栗子澀皮煮拌入4中。

6. 將5填入模具中，把表面抹得漂亮平整。

10. 待白巧克力凝固之後，以小濾網篩撒抹茶粉。

前置作業

・奶油和全蛋放在常溫中回溫備用。
・A混合過篩備用。
・栗子澀皮煮切成4等分備用。
・將已在常溫中回溫的奶油（分量外）薄薄地塗在磅蛋糕模具的內側，撒上高筋麵粉後，將多餘的粉拍除備用（使用烘焙紙亦可）。
・烤箱連同烤盤一起預熱至170℃。

Memo

・作法1～3，使用手持式電動攪拌器的話，就可以輕鬆完成。
・因為只需要少量的調溫巧克力，所以我使用美可優可可脂粉（Mycryo）。也可以將免調溫巧克力融化之後使用。

p.35 →

栗子
黑醋栗舒芙蕾

材料 — Staub鑄鐵鍋10cm 1個份

- 栗子泥…40g
- 細砂糖…5g
- 低筋麵粉…5g
- 牛奶…50mℓ
- 蘭姆酒…5g
- 蛋黃…20g
- 無鹽奶油…5g
- 蛋白…40g
- 細砂糖…10g
- 無鹽奶油（模具用）…適量
- 細砂糖（模具用）…適量
- 糖粉…適量
- 黑醋栗果泥…適量

1. 在鑄鐵鍋的內側塗抹奶油，接著撒上薄薄一層細砂糖備用。

2. 將栗子泥放入耐熱容器中，加入5g細砂糖和低筋麵粉，以橡皮刮刀充分混合攪拌均勻。

3. 逐次少量地將牛奶加入2之中，每次加入時都要以橡皮刮刀攪拌至完全融合在一起，待變得滑順之後改用打蛋器充分攪拌。加入蘭姆酒之後繼續攪拌。

7. 將剩餘的細砂糖分成2次加入缽盆中，每次加入細砂糖時都要打發起泡，製作出堅挺的蛋白霜。

8. 舀起一坨蛋白霜放入5之中，以打蛋器充分混合均勻之後倒回7之中，然後以橡皮刮刀迅速混合攪拌。

9. 將8倒入鑄鐵鍋中。

4. 將 3 以500W的微波爐加熱1分鐘，以打蛋器攪拌後，再加熱20秒，然後攪拌。

5. 加入蛋黃之後攪拌，拌勻之後加入奶油，攪拌至奶油充分融化並融合在一起。將烤箱連同烤盤一起預熱至180℃。

6. 將蛋白以及從10g細砂糖中取出的1撮細砂糖放入缽盆中，以攪拌器攪拌，切斷蛋白的稠狀連結。

10. 以抹刀等器具將表面抹平，用手指擦掉附著在模具邊緣的麵糊。

11. 以180℃的烤箱烘烤18分鐘。在剛出爐的舒芙蕾表面撒上糖粉，淋上黑醋栗果泥。

Memo

- 用1個L尺寸的蛋就可以做出1人份舒芙蕾的簡易配方。分成2個小烤盅也沒問題，但是如果這樣做的話，請調整烘烤時間。
- 使用微波爐加熱之後，如果烤箱需要花一段時間才能完成預熱，在等待的空檔可以將 5 的栗子麵糊就這樣放置著，沒有關係。
- 由於一出爐就會開始塌陷，所以請在剛烤好時就趁熱享用。

前置作業

- 將用於塗抹Staub鑄鐵鍋的奶油放在常溫中回溫備用。
- 低筋麵粉過篩備用。

開心果覆盆子巴斯克乳酪蛋糕

這是使用大量的開心果泥製作而成，味道非常香醇的巴斯克乳酪蛋糕。開心果的濃郁搭配覆盆子的酸甜形成了絕妙組合。紅色覆盆子鑲嵌在綠色蛋糕體中的切面也漂亮極了。

使用的水果
覆盆子

✶ Level

15min

21min

12h

材料 — 12cm圓形模具（φ120mm×高60mm）1模份

奶油乳酪：200g
細砂糖：50g
開心果泥：80g
全蛋：103g
蛋黃：12g
鮮奶油（動物性47%左右）：115g
玉米粉：6g
覆盆子：55g

前置作業

・奶油乳酪、鮮奶油分別放在常溫中回溫備用。
・全蛋和蛋黃分別計量之後混合，放在常溫中回溫備用。
・烤箱連同烤盤一起預熱至230℃。

1. 將奶油乳酪放入缽盆之中，以橡皮刮刀攪拌至變得滑順。

2. 加入細砂糖，以橡皮刮刀攪拌。

3. 改用打蛋器，加入開心果泥攪拌。

4. 將全蛋和蛋黃大約分成3次加入缽盆中，每次加入時都要攪拌。

5. 加入鮮奶油攪拌，然後將玉米粉一邊過篩一邊加入攪拌。

6. 將乳酪糊過濾1次。

7. 將烘焙紙用水浸濕之後再用力擰乾，然後鋪在模具之中。

8. 倒入1/3的乳酪糊，排列覆盆子，然後由上方倒入剩餘的乳酪糊。以230℃的烤箱烘烤21分鐘。放在冷藏室中冷卻一個晚上。

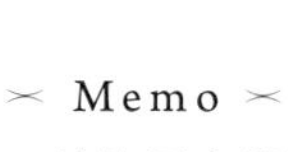

Memo

・請使用食譜指定尺寸的模具烘烤。
・排列覆盆子時要避開正中央，烘烤完成後會比較容易切開。
・冷卻一個晚上後，硬度會變得恰到好處，比較容易切開。

我愛用的器具

烘焙甜點時，製作的過程是否順手以及成品美觀與否，與製作時選擇的器具息息相關。在此爲大家介紹我經常使用且倚重的器具。

①不鏽鋼缽盆和PC塑膠調理缽盆

②SILPAT烘焙墊&SILPAIN烘焙墊、訂製烤盤、大理石料理板

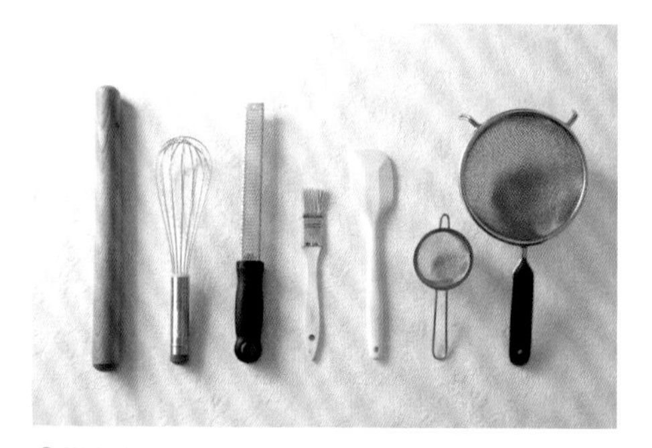

③擀麵棍、打蛋器、刨刀、毛刷、橡皮刮刀、小濾網、粉篩

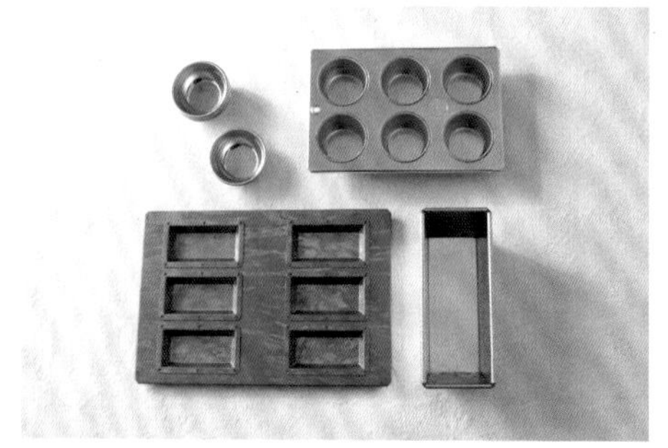

④Pomponnette小圓蛋糕模具、費南雪模具、馬芬模具、磅蛋糕模具

①製作甜點時，基本上是使用不鏽鋼缽盆。作業流程中需要先以微波爐加熱之後再製作的甜點，則是使用PC塑膠調理缽盆。由於質地非常輕巧又耐撞擊，所以使用起來也很方便！

②大理石料理板因為是大理石材質，熱傳導率低，所以麵團的溫度不會升高，作為作業台相當便利。cotta的訂製烤盤是配合自家烤箱的尺寸量身訂做的，表面平整且無邊框，用起來很順手。SILPAIN烘焙墊呈網狀，多餘的水分或油分會由網孔滲出，可以將餅乾等烤得很酥脆。SILPAT烘焙墊全體皆有矽膠塗層，不但適合用於柔軟的麵糊，還可以當做巧克力工藝或麵包的揉捏台。

③小濾網是用網孔細小的製品，橡皮刮刀的前端不要太過柔軟，缽盆選用弧度一體成型的，在衛生方面比較安心。此外，選擇毛刷時的重點是掉毛少、柔軟度不會造成蛋糕體損傷。刨刀，我推薦不會刮出水分，只會乾淨俐落地將表皮磨碎的Microplane刨刀！打蛋器的鋼線要結實牢固，容易握持。如果能多準備幾支不同尺寸的打蛋器，製作過程將會更順暢。

④本書中的馬芬是使用遠藤商事馬口鐵馬芬模具#10製作而成，可以烘烤出如蘑菇狀的理想外形。Pomponnette小圓蛋糕模具是用來製作新橋塔和談話餅。磅蛋糕是使用松永製作所的磅蛋糕模具製成，其熱傳導率佳，而且容易脫模。費南雪使用的是千代田金屬的費南雪模具，它的材質和塗層與專業甜點師傅使用的模具一樣，因此烘焙成品的差異一目了然。這個模具同樣具有出色的熱傳導率，而且容易脫模，所以非常實用。

PART. 2

小巧的水果甜點

巴斯克蛋糕

這是源自法國巴斯克地區的傳統糕點。因爲這是我喜歡的甜點，所以即使要稍微費點工夫，還是希望有更多人動手製作，爲此我設計了這份食譜，其中使用微波爐製作卡士達醬等步驟，讓大家更容易挑戰這款甜點。

← p.46

使用的水果 × 黑櫻桃果醬

紅豆奶油
杏桃達克瓦茲

大膽而充滿創意的外觀也許會讓人好奇：「究竟是什麼味道？」但不論是紅豆餡還是奶油，我都是以1g爲單位調整味道的平衡，並且加入杏桃的微酸使其不會過於膩口，設計成三、兩口就可以品嚐完1個的美味食譜。

← p.48

使用的水果
杏桃乾

p.44 →

巴斯克蛋糕

材料——馬芬模具（每個φ54㎜×高28㎜）6個份

【卡士達醬】
- 蛋黃…15g
- 細砂糖…25g
- 低筋麵粉…5g
- 玉米粉…3g
- 香草莢醬…2g
- 牛奶…80mℓ
- 無鹽奶油…5g

【巴斯克蛋糕麵糊】
- 無鹽奶油…160g
- 紅糖…160g
- 鹽…1撮
- 蛋黃…70g
- 蘭姆酒…6g
- A
  - 高筋麵粉…80g
  - 低筋麵粉…80g
  - 杏仁粉…80g

卡士達醬

1. 將蛋黃和細砂糖放入耐熱容器中，以打蛋器攪拌至顏色泛白。接著加入低筋麵粉和玉米粉攪拌。將香草莢醬也加進去之後繼續攪拌。

2. 一邊加入牛奶一邊不停地攪拌。

3. 以500W的微波爐加熱1分鐘，然後用打蛋器攪拌。再次加熱30秒，混合之後加入奶油，攪拌至充分溶解，均勻地融合在一起。

4. 將3倒入調理盤中，薄薄攤平，以保鮮膜緊貼著包覆起來。

5. 將4的上下皆以保冷劑夾住，急速冷卻備用。

巴斯克蛋糕麵糊

6. 將奶油放入缽盆中，以打蛋器研磨攪拌。加入紅糖和鹽，慢慢地研磨攪拌。

7. 將蛋黃大約分成2次加入缽盆中，每次加入時都要充分攪拌均勻。將蘭姆酒也加進去攪拌。

8. 加入A，以橡皮刮刀大幅度地翻拌。

Level ★★★

40min

35min

10min

黑櫻桃果醬…90g
蛋黃（上光用）…10g
牛奶（上光用）…1/4小匙

前置作業

・卡士達醬的低筋麵粉和玉米粉混合過篩備用。
・巴斯克蛋糕麵糊的奶油和蛋黃放在常溫中回溫備用。
・A混合過篩備用。
・烤箱連同烤盤一起預熱至170℃。

9. 將8填入裝有圓形擠花嘴的擠花袋中。

完成

10. 將9擠入模具的底部和側面，以湯匙等抹平之後，放入冷凍庫冷卻10分鐘。

11. 在10的每個馬芬模具中各放入15g的黑櫻桃果醬。

12. 將5的卡士達醬放入缽盆中，以橡皮刮刀攪拌變軟之後，填入裝有圓形擠花嘴的擠花袋中。分成6等分擠在果醬上面。

13. 將10剩餘的麵糊擠在12的上方。

14. 以刮板等的器具抹平麵糊，將周圍擦拭乾淨。

15. 將上光（為了使烘烤完成的蛋糕呈現光澤，將蛋液塗抹在麵糊上面）用的蛋黃和牛奶混合備用。

16. 將麵糊上光之後，用叉子刻劃出紋路。以170℃的烤箱烘烤35分鐘。

Memo

・以大型的模具烘烤也OK。這種情況下製作，請維持烘烤溫度不變，並調整烘烤時間。

p.45 →

紅豆奶油杏桃達克瓦茲

材料──φ5cm8個份

蛋白…90g
細砂糖…30g
A
杏仁粉…40g
開心果粉
（杏仁粉亦可）…30g
糖粉…40g
低筋麵粉…15g

糖粉…適量
紅豆餡…80g
無鹽奶油…56g
桃乾…8個

前置作業

- A混合過篩備用。
- 烤箱預熱至170℃。

★★ Level
15min
15min

1. 從30g細砂糖中取出1撮，連同蛋白一起放入缽盆中，以攪拌器攪拌，切斷蛋白的稠狀連結。

2. 將剩餘的細砂糖分成3次加入，每次加入時都要打發起泡，製作出即使將缽盆顛倒過來，也不會從盆內掉落的堅挺蛋白霜。

3. 加入A，以小心不弄破蛋白霜氣泡的方式，用橡皮刮刀大幅度地翻拌。

4. 將大型的擠花嘴（照片中使用的是15號〈口徑1.5cm〉）安裝在擠花袋上，然後將3填入擠花袋中。

5. 在SILPAT烘焙墊上面擠出16個直徑5cm的麵糊。

6. 將糖粉以小濾網篩撒在5的上面，待滲入麵糊中看不見糖粉之後，再次篩撒糖粉。以170℃的烤箱烘烤15分鐘，放涼備用。

7. 紅豆餡以每個10g，奶油以每個7g的分量，分別分成8個備用。

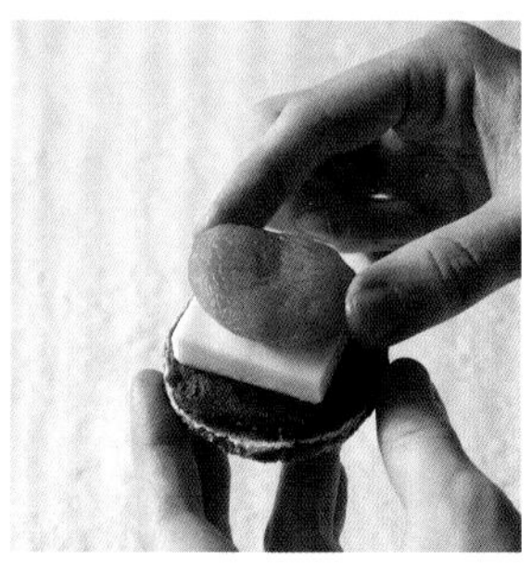

8. 將紅豆餡塗在達克瓦茲平坦的那面，放上奶油和1個杏桃乾，以另一片達克瓦茲夾起來。

檸檬塔

每當日本產檸檬上市的時期，讓人忍不住想動手製作的簡單檸檬塔。檸檬奶油醬的美麗色澤也是魅力所在。利用塔圈可以做出漂亮的成品，請務必參考一下將麵皮鋪進塔圈內的方法。

← p.50

使用的水果
檸檬

p.49 →

檸檬塔

材料—φ7㎝塔圈4個份

【塔皮麵團】
- 無鹽奶油…50g
- 糖粉…35g
- 鹽…1撮
- 全蛋…20g
- 低筋麵粉…90g
- 杏仁粉…10g

【檸檬奶油醬】
- 全蛋…60g
- 蛋黃…15g
- 細砂糖…45g
- 檸檬皮…1/2個份
- 檸檬汁…35g
- 無鹽奶油…35g
- 烘焙用白巧克力…適量

塔皮麵團

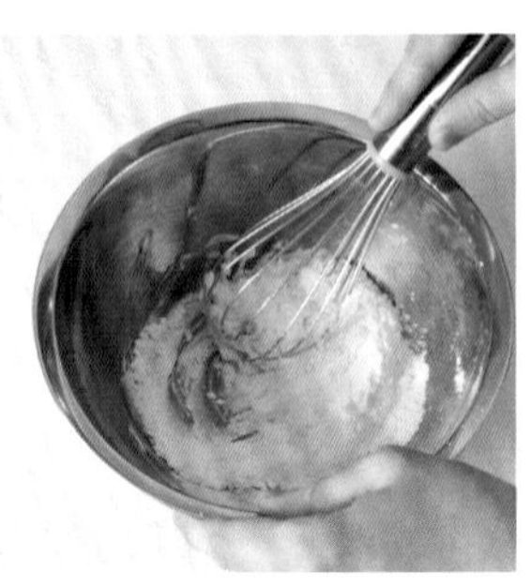

1. 將奶油放入缽盆中，以打蛋器研磨攪拌。加入糖粉和鹽，慢慢研磨攪拌至沒有粉粒為止。

2. 將全蛋大約分成2次加入缽盆中，每次加入時都要充分攪拌均勻。

3. 加入低筋麵粉以及杏仁粉，接著以橡皮刮刀大幅度地翻拌。

4. 聚攏成團後，將麵團分成2等分，從缽盆中取出，分別以保鮮膜包好。如圖所示，將麵團擀成均勻的厚度，放在冷藏室中靜置一個晚上。

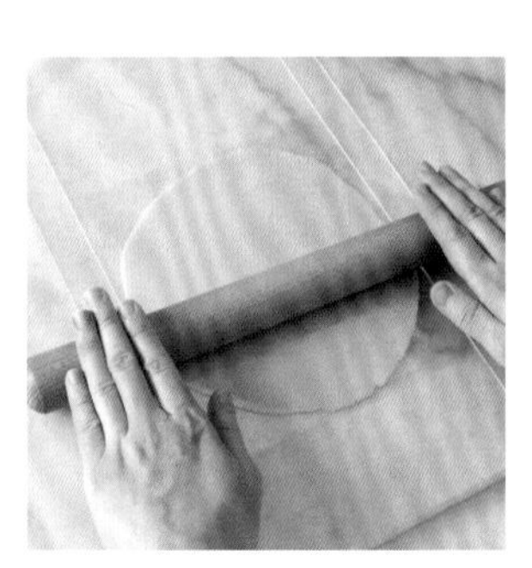

5. 將揉捏成團的4分別擀成2㎜的厚度。其中一張麵皮擀成足以用4個塔圈壓形的大小，另一張麵皮擀成足以切成22㎝×8㎝的大小，然後放入冷藏室中冷卻1小時左右。

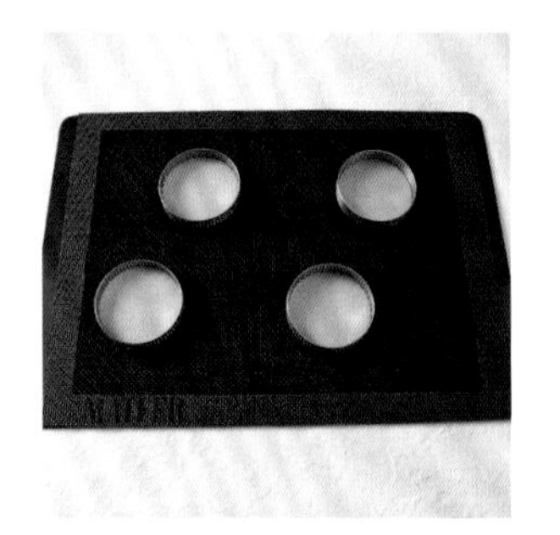

6. 將SILPAIN烘焙墊鋪在烤盤裡，以塔圈將5壓形，麵皮就這樣附著在塔圈底部，排列在烤盤上。

7. 將另一張麵皮分切成4條22㎝×2㎝的長條，放置在塔圈側面的內緣。超出塔圈的部分以小刀等切除。

8. 以預熱至170℃的烤箱烘烤15分鐘之後取出，充分放涼。

Level

40min

15min

13h

前置作業

・將塔皮麵團的奶油和全蛋於常溫中回溫備用。
・將檸檬奶油醬的全蛋和蛋黃分別計量之後混合備用。
・糖粉過篩備用。低筋麵粉以及杏仁粉混合過篩備用。
・檸檬皮刨成碎屑，果實榨出果汁備用。

9. 用毛刷將已經融化的白巧克力薄薄地塗抹在塔皮的內側。

檸檬奶油醬

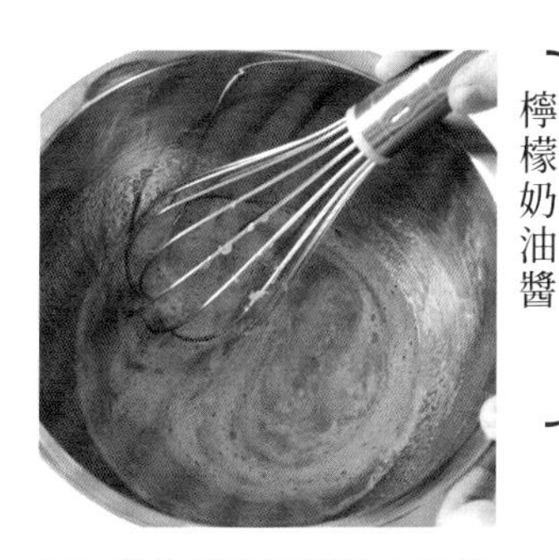

10. 將全蛋和蛋黃放入缽盆中，加入細砂糖之後攪拌。接著加入檸檬皮以及檸檬汁攪拌。

11. 將10倒入單柄鍋中，開中火加熱，同時以打蛋器不斷地攪拌，直到蛋液變得濃稠，且打蛋器劃過時可以看見鍋底。

12. 關火之後加入奶油，攪拌至融合在一起。

13. 將12倒入缽盆中，底部墊著冰水，快速冷卻。

完成

14. 將13的檸檬奶油醬填入9之中。

15. 以抹刀等器具刮平表面。

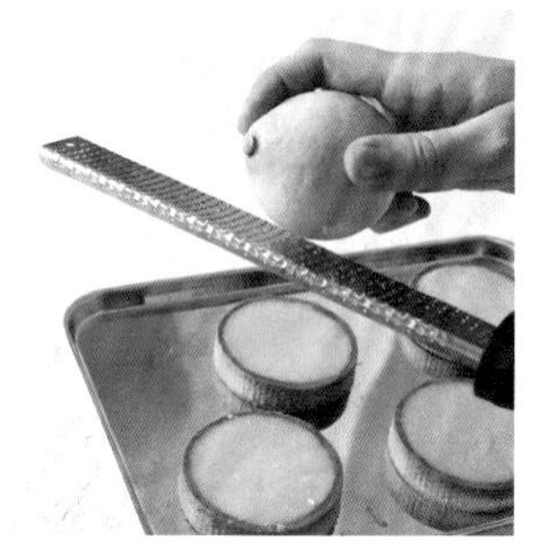

16. 依個人喜好，刨一些檸檬皮撒在上面。

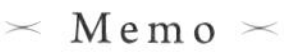
Memo

・塔皮麵團擀得很薄，容易變軟，所以如果變得不好操作時，請先放入冷藏室冷卻。
・雖然這裡使用的是洞洞塔圈，但要是改用普通塔圈製作也沒問題。如果沒有SILPAIN烘焙墊的話，請使用重石烘烤完成。

桃子伯爵紅茶馬芬

以蜜桃紅茶爲靈感製作而成的馬芬。還加入了實實在在的桃子果肉，帶有奢華感。冰涼之後再享用，更能充分感受到桃子的甜美多汁和風味，推薦大家試試看。

使用的水果
桃子

材料 — 馬芬模具（每個φ55㎜×高31㎜）6個份

桃子…較小的1個
無鹽奶油…70g
細砂糖…80g
鹽…1撮
全蛋…80g
A
低筋麵粉…120g
杏仁粉…30g
泡打粉…3g
茶葉（伯爵紅茶）…2g
牛奶…60㎖

前置作業

・奶油、全蛋和牛奶放在常溫中回溫備用。
・茶葉以攪碎機等的器具細細攪碎（如果是茶包之中的茶葉，可以直接使用）。
・A混合過篩，然後再與茶葉一起過篩備用。
・將油力士蛋糕紙杯鋪在馬芬模具中備用。
・烤箱連同烤盤一起預熱至180℃。

✶ Level
15min
23min

1. 桃子去皮去籽之後，其中一半切成6等分的瓣形。剩下的一半切成2㎝大小的丁塊。

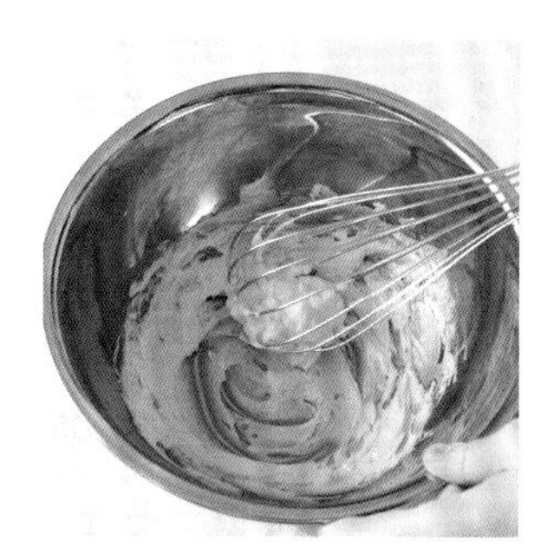

2. 將奶油放入缽盆中，以打蛋器攪拌成乳霜狀。

3. 加入細砂糖和鹽，攪拌至變得柔軟泛白為止。

4. 將全蛋大約分成4次加入缽盆中，每次加入時都要充分攪拌均勻。

5. 加入1/3的粉類（A和茶葉），以橡皮刮刀大幅度地翻拌，再加入半量的牛奶攪拌，然後加入同樣1/3的粉類、剩餘的牛奶跟粉類，每次加入都要混拌整體。

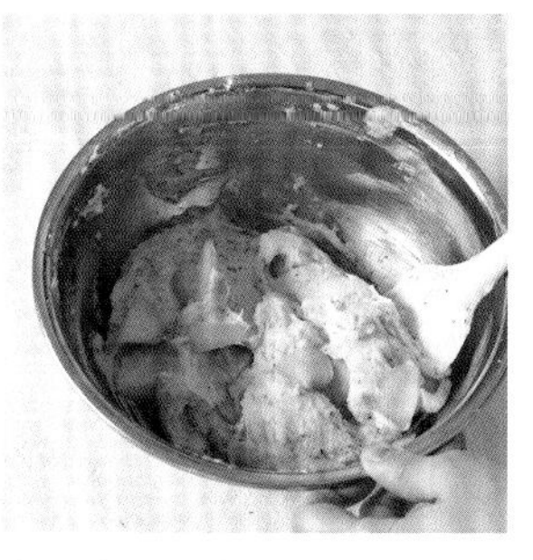

6. 將1的桃子丁塊加入5之中，以橡皮刮刀大幅度地混拌，小心不要壓爛桃子。

7. 用湯匙將6平均分配舀入模具中。

8. 在每一個馬芬麵糊的上面，分別擺放1個1的桃子瓣形切片。以180℃的烤箱烘烤23分鐘。

Memo

・作法2～4，如果使用手持式電動攪拌器的話，就能輕鬆製作。

藍莓奶油乳酪奶酥馬芬

對我而言，若是說起各種馬芬當中的經典組合，非這個莫屬。趁著還微溫的時候品嚐，奶酥的酥脆感更加明顯，藍莓的質地也彷似果醬，是至高無上的享受。

← p.56

使用的水果 × 藍莓

鳳梨培根馬芬

這是本書唯一一款鹹甜類的糕點，即使是不愛甜食的人也能接受。培根和乳酪的鹹香非常適合搭配鳳梨。對於喜愛鹹甜口味的人來說，更是難以抗拒的美味。

← p.58

使用的水果
鳳梨

p.54 →

藍莓奶油乳酪奶酥馬芬

材料 — 馬芬模具（每個φ55㎜×高31㎜）6個份

奶油乳酪…60g

A【奶酥】
- 低筋麵粉…30g
- 杏仁粉…10g
- 上白糖…20g
- 無鹽奶油…20g

【馬芬麵糊】
- 無鹽奶油…70g
- 細砂糖…80g
- 鹽…1撮
- 全蛋…80g
- B
  - 低筋麵粉…120g
  - 杏仁粉…30g
  - 泡打粉…3g
- 牛奶…60㎖
- 藍莓…50g

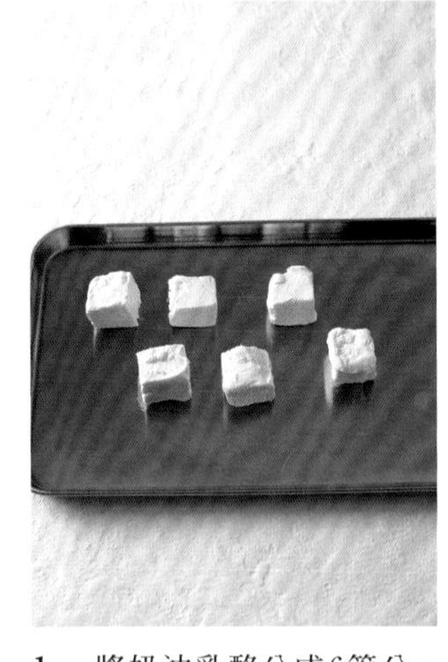

1. 將奶油乳酪分成6等分，每份10g。

奶酥

2. 將A放入缽盆中用手大略混拌。加入奶油，一邊用手搓碎奶油，一邊混拌成鬆散的顆粒狀，然後放入冷藏室中冷卻備用。

馬芬麵糊

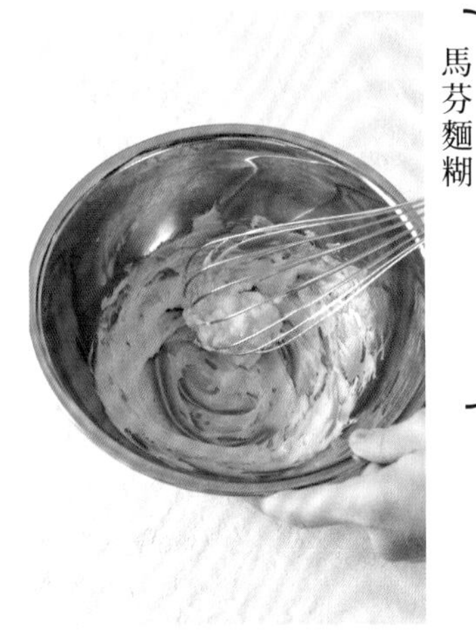

3. 將奶油放入缽盆中，以打蛋器攪拌成乳霜狀。

7. 將藍莓拌入6之中。

完成

8. 用湯匙將7舀入模具直至1/3左右的高度。接著放入奶油乳酪。

9. 在奶油乳酪的上面再次舀入7，然後放上奶酥。

★★
Level

25min

25min

4. 加入細砂糖和鹽，攪拌至變得柔軟泛白為止。

5. 將全蛋大約分成4次加入缽盆中，每次加入時都要充分攪拌均勻。

6. 加入1/3的B，以橡皮刮刀大幅度地翻拌，然後加入半量的牛奶攪拌，再度加入1/3的B、剩餘的牛奶跟B，每次加入時都要混拌所有材料。

10. 再以180℃的烤箱烘烤25分鐘。

Memo

・作法3～5，如果使用手持式電動攪拌器的話，就能輕鬆製作。
・剩下來的奶酥可以冷凍保存，以便日後使用。

前置作業

・奶酥的奶油先切成5㎜大小的方塊，充分冷卻備用。
・馬芬麵糊的奶油、全蛋和牛奶放在常溫中回溫備用。
・奶酥的A混合過篩備用。馬芬麵糊的B混合過篩備用。
・將油力士蛋糕紙杯鋪在馬芬模具中備用。
・烤箱連同烤盤一起預熱至180℃。

p.55 →

鳳梨培根馬芬

材料——馬芬模具（每個φ55㎜×高31㎜）6個份

鳳梨…100g
培根…3片
無鹽奶油…70g
細砂糖…80g
鹽…1撮
全蛋…80g

A
低筋麵粉…120g
杏仁粉…30g
泡打粉…3g

牛奶…60㎖
磨碎的帕馬森乳酪…適量

前置作業
・奶油、全蛋和牛奶放在常溫中回溫備用。
・A混合過篩備用。
・烤箱連同烤盤一起預熱至180℃。

★★ Level
20min
25min

1. 將鳳梨切成1cm大小的丁塊。

2. 培根切成約2cm寬，以平底鍋煎過之後放涼。

3. 將奶油放入缽盆中，以打蛋器攪拌成乳霜狀。

4. 加入細砂糖和鹽，攪拌至變得柔軟泛白為止。

5. 將全蛋大約分成4次加入缽盆中，每次加入時都要充分攪拌均勻。

6. 加入1/3的A，以橡皮刮刀大幅度地翻拌，然後加入半量的牛奶攪拌，再度加入1/3的A、剩餘的牛奶跟A，每次加入時都要混拌所有材料。

7. 將鳳梨以及培根拌入6之中。

8. 將油力士蛋糕紙杯鋪在馬芬模具中，用湯匙將7平均分配舀入紙杯中，然後在整個表面撒上帕馬森乳酪。最後以180℃的烤箱烘烤25分鐘。

Memo
・作法3～5，如果使用手持式電動攪拌器的話，就能輕鬆製作。
・這是要趁熱享用的馬芬。如果變冷了，請用小烤箱回烤。

焦糖香蕉核桃馬芬

雖然要費點工夫製作焦糖香蕉，但是它微微的苦味是塑造風味的關鍵。作爲頂飾配料的香蕉，未必要切成圓片，我也喜歡將香蕉切成略長的條狀放在麵糊上，藉此營造出新鮮的感覺。

← p.60

使用的水果

香蕉

p.59 →

焦糖香蕉核桃馬芬

材料——馬芬模具（每個 φ 55㎜×高 31㎜）6 個份

【焦糖香蕉】

香蕉⋯⋯1 根

細砂糖⋯⋯25 g

有鹽奶油⋯⋯10 g

【馬芬麵糊】

無鹽奶油⋯⋯70 g

細砂糖⋯⋯80 g

鹽⋯⋯1 撮

全蛋⋯⋯80 g

A

低筋麵粉⋯⋯120g

杏仁粉⋯⋯30 g

泡打粉⋯⋯3 g

牛奶⋯⋯60 mℓ

核桃⋯⋯30 g

香蕉（頂飾配料用）⋯⋯適量

焦糖香蕉

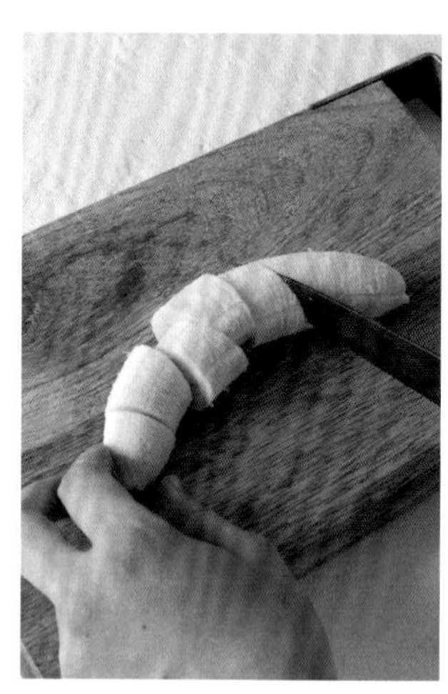

1. 將香蕉切成大塊段狀。

2. 將細砂糖放入平底鍋中，以中火加熱，待變成焦糖狀之後，放入 1。

3. 以小火輕炒，待香蕉變軟之後輕輕壓碎，加入奶油沾裹在香蕉上，然後關火，即可放涼備用。

7. 加入1/3的A，以橡皮刮刀大幅度地翻拌，然後加入半量的牛奶攪拌，再度加入1/3的A、剩餘的牛奶跟A，每次加入時都要混拌所有材料。

8. 將焦糖香蕉和核桃拌入 7 之中。

完成

9. 用湯匙將 8 平均分配舀入模具中。

4. 將奶油放入缽盆中，以打蛋器攪拌成乳霜狀。

5. 加入細砂糖和鹽，攪拌至變得柔軟泛白為止。

6. 將全蛋大約分成4次加入缽盆中，每次加入時都要充分攪拌均勻。

10. 將作為頂飾配料的香蕉切成自己喜歡的形狀，放在麵糊上面，以180℃的烤箱烘烤23分鐘。

Memo

- 作法4～6，如果使用手持式電動攪拌器的話，就能輕鬆製作。
- 焦糖香蕉不論是混拌成大理石花紋狀，或是攪碎均勻混合在麵糊中都很美味，因此請依照個人喜好調整攪拌的程度！

前置作業

- 奶油、全蛋和牛奶放在常溫中回溫備用。
- A混合過篩備用。
- 核桃以160℃的烤箱烘烤10分鐘之後，切成約2等分備用。
- 將油力士蛋糕紙杯鋪在馬芬模具中備用。
- 烤箱連同烤盤一起預熱至180℃。

草莓
杏仁蛋白霜餅乾

蛋白霜餅乾酥脆輕盈的風味深受小孩和大人喜愛。這是將這樣的蛋白霜餅乾加點裝飾製作而成的特別版餅乾。食譜中使用的是草莓，但也可以改用個人喜愛的水果乾和巧克力，請盡情享用。

使用的水果 ✕ 草莓乾

✶ Level
20min
2h

材料—6個份

蛋白：40g
細砂糖：50g
檸檬汁：1/2小匙
香草莢醬：0.5g
玉米粉：1g
杏仁片：5g
糖粉：適量
淋覆用巧克力：適量
草莓乾脆片：12片

前置作業

・杏仁片以160℃的烤箱烘烤5分鐘備用。
・以烘焙紙等製成圓錐狀的擠花袋，用來擠出巧克力。
・將乾燥劑放入密封保鮮盒或是瓶子等容器之內備用。
・烤箱預熱至110℃。

1. 從50g細砂糖中取出1撮，連同蛋白一起放入鉢盆中，以攪拌器攪拌，切斷蛋白的稠狀連結。

2. 將剩餘的細砂糖分成3次加入，每次加入時都要充分打發起泡，製作出尖角挺立、前端微彎的蛋白霜。

3. 加入檸檬汁以及香草莢醬，以攪拌器輕輕攪拌至所有材料混合。

4. 以小濾網將玉米粉篩撒進鉢盆中，用橡皮刮刀大幅度地翻拌。

5. 將SILPAT烘焙墊鋪在烤盤裡，以湯匙將4分成6等分舀在烘焙墊上面。

6. 將杏仁片散布在蛋白霜的半邊，再以小濾網將糖粉篩撒在全體表面。以110℃的烤箱烘烤2小時。烘烤完畢之後，不要取出，讓蛋白霜在烤箱內降溫。

7. 從烤箱取出之後，先確認已充分冷卻，然後將已經融化的淋覆用巧克力裝入圓錐狀擠花袋中，擠在沒有杏仁片的那半邊。

8. 趁巧克力凝固之前，在每個蛋白霜餅乾上放2片草莓乾脆片。

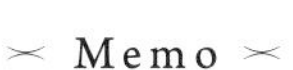

・如果將冷卻之後的蛋白霜餅乾就這樣放著不管，它的表面會因為濕氣而變得濕黏，所以請務必立刻裝入放有乾燥劑的密閉容器中保存。

杏桃椰絲費南雪

結合了杏桃的酸味和椰絲的南國感，以夏意盎然的意象設計出嶄新風味的費南雪。烘烤完成的椰子風味和大塊嵌入的杏桃是絕佳的組合。

使用的水果 ☓ 杏桃乾

★★
Level

20min

12min

材料 — 千代田金屬的費南雪模具6個份

A
- 糖粉：40g
- 杏仁粉：20g
- 低筋麵粉：18g
- 泡打粉：1g

無鹽奶油：50g
蛋白：50g
轉化糖：5g
杏桃乾：6個
椰絲：6g

前置作業

・A混合過篩備用。
・烤箱連同烤盤一起預熱至180℃。

1. 將A放入缽盆中，以打蛋器一圈圈地攪拌。

2. 將奶油放入單柄鍋中，以中火加熱，煮焦奶油。為了避免奶油持續焦化，將裝滿水的缽盆墊在鍋底，使奶油停止變色。

3. 將蛋白和轉化糖放入缽盆中，一邊攪拌避免打發起泡，一邊隔水加熱至40℃。

4. 將3加入1之中攪拌。

5. 待2的焦香奶油降溫至40℃之後，與4混合攪拌。

6. 將杏桃乾放入缽盆中，倒入滾水，浸泡1分鐘左右之後，充分瀝乾水分，橫切成一半。

7. 將油脂（分量外）塗抹在模具內，然後將5填入擠花袋中，再擠入模具內。

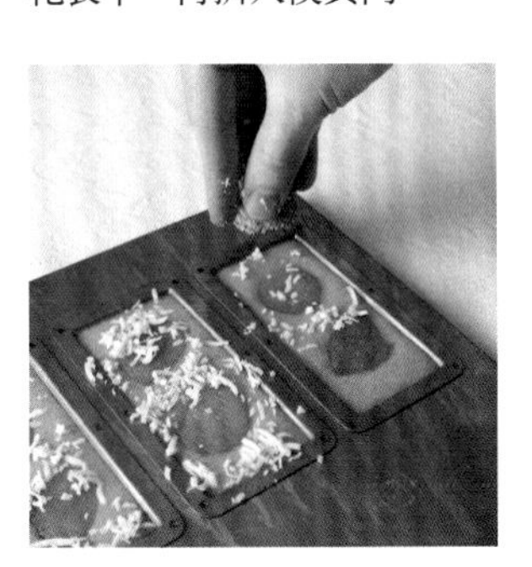

8. 將杏桃乾的切面朝下，在每個模具中放上2塊，然後分別撒上1g椰絲。以180℃的烤箱烘烤12分鐘。

Memo

・費南雪剛出爐時，可以品嚐到椰絲的酥脆感，非常美味。

洋梨可可費南雪

大塊嵌入的西洋梨和微苦的可可豆碎粒，打造出成人口味的費南雪。藉由切得較大塊的西洋梨和可可豆碎粒的酥脆感，更加突顯出多汁的感覺。可可豆的苦味也是令人吃了會上癮的味道。

使用的水果 X 西洋梨

★★
Level

20min

12min

材料 — 千代田金屬的費南雪模具6個份

A
糖粉…40g
杏仁粉…20g
低筋麵粉…11g
可可粉…10g
泡打粉…1g

無鹽奶油…50g
蛋白…50g
轉化糖…4g
洋梨（罐頭）…切半1個
可可豆碎粒…6g

前置作業

・A混合過篩備用。
・烤箱連同烤盤一起預熱至190℃。

1. 將A放入缽盆中，以打蛋器一圈圈地攪拌。

2. 將奶油放入單柄鍋中，以中火加熱，煮焦奶油。為了避免奶油持續焦化，將裝滿水的缽盆墊在鍋底，使奶油停止變色。

3. 將蛋白和轉化糖放入缽盆中，一邊攪拌避免打發起泡，一邊隔水加熱至40℃。

4. 將3加入1之中攪拌。

5. 待2的焦香奶油降溫至40℃之後，與4混合攪拌。

6. 將西洋梨的糖漿徹底擦乾淨之後，縱切成6等分。

7. 將油脂（分量外）塗抹在模具內，然後將5填入擠花袋中，再擠入模具內。

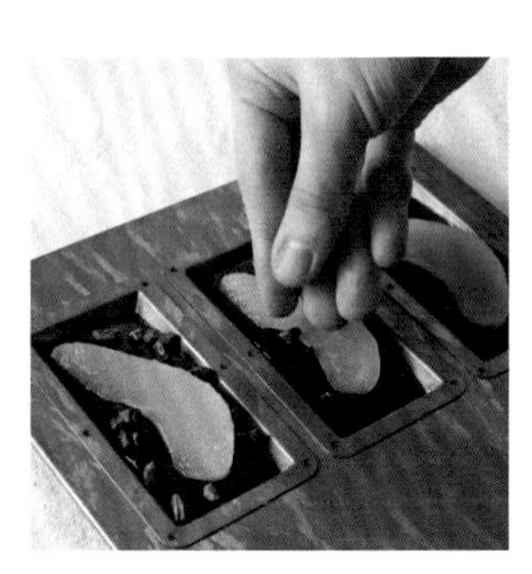

8. 在每個模具中放上1塊西洋梨，然後分別撒上1g可可豆碎粒。以190℃的烤箱烘烤12分鐘。

Memo

・由於西洋梨的水分會滲進費南雪中，所以請在隔天之前食用完畢。

新橋塔

以橫跨法國塞納河的「新橋（Pont Neuf）」命名的甜點。請一定要體驗看看，將泡芙麵糊和卡士達醬組合之後烘烤而成的奇妙口感。外形和顏色都非常可愛，這也正是它的魅力所在。

← p.70

使用的水果 × 覆盆子果醬

談話餅

這款糕點的法文原名稱作「Conversation」，是「談話」的意思。派皮的酥脆感、蘋果的多汁感、杏仁奶油醬的濕潤感、蛋白糖霜的薄脆感，請務必好好享受各種口感帶來的差異。

← p.72

使用的水果 × 蘋果

p.68 →

新橋塔

材料 — Pomponnette【φ65㎜（38㎜）×高25㎜】6個份

派皮（冷凍）約10×20㎝…2張

【卡士達醬】
蛋黃…15g
細砂糖…25g
低筋麵粉…5g
玉米粉…3g
香草莢醬…1g
牛奶…80㎖
無鹽奶油…5g

【泡芙麵糊】
牛奶…25㎖
水…25㎖
無鹽奶油…20g
細砂糖…2g
鹽…1撮
低筋麵粉…30g
全蛋…50g

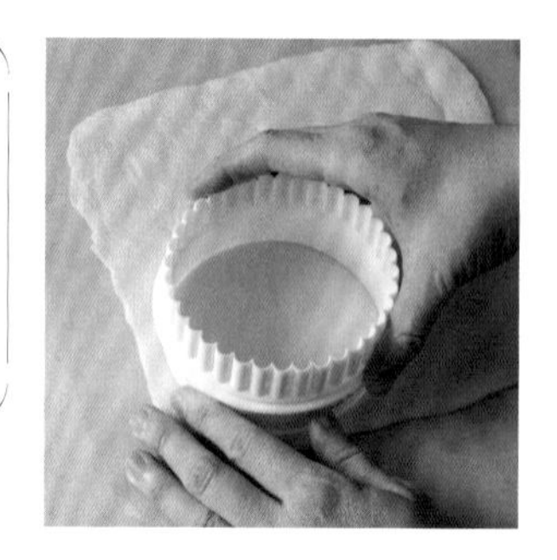

1. 將派皮擀成約2倍的大小，放入冷凍庫中，冷卻成容易操作的硬度之後，使用比模具大的壓模（照片中的是98㎜的麵皮壓模），壓出6份圓形派皮，放入冷凍庫中備用。如果沒有尺寸剛好的壓模，徒手裁切出圓形派皮亦可。

2. 剩餘的派皮切成12條寬5㎜的長條，放在冷凍庫中冷卻備用。

卡士達醬

3. 將蛋黃和細砂糖放入耐熱容器中，以打蛋器攪拌至顏色泛白。接著加入低筋麵粉和玉米粉攪拌。將香草莢醬也加進去之後繼續攪拌。

4. 一邊加入牛奶一邊不停地攪拌。

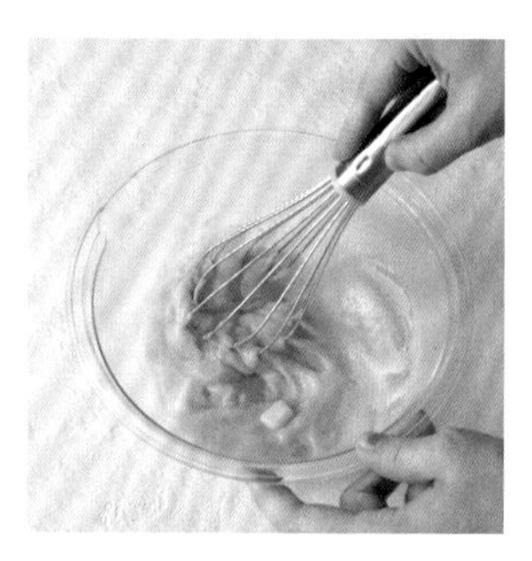

5. 將4以500W的微波爐加熱1分鐘。用打蛋器攪拌之後，再次加熱30秒，混合之後加入奶油，攪拌至充分溶解，均勻地融合在一起。

6. 將5倒入調理盤之中，薄薄攤平，以保鮮膜緊貼著包覆起來，上下以保冷劑夾住，急速冷卻備用。

泡芙麵糊

7. 將牛奶、水、奶油、細砂糖、鹽放入單柄鍋中，以中火加熱煮沸。

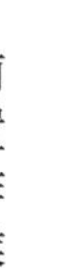
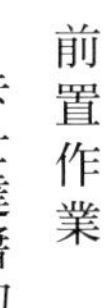
覆盆子果醬…30g＋適量
糖粉…適量

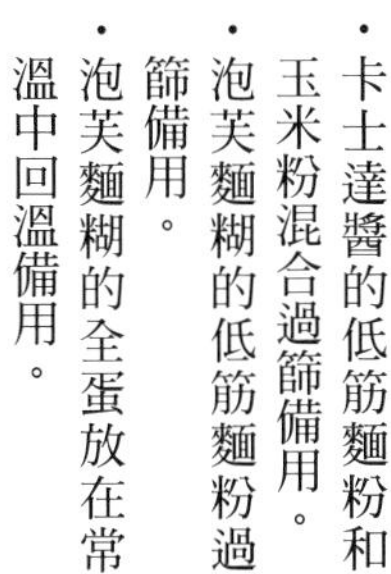
前置作業

・卡士達醬的低筋麵粉和玉米粉混合過篩備用。
・泡芙麵糊的低筋麵粉過篩備用。
・泡芙麵糊的全蛋放在常溫中回溫備用。

Level ★★★
40min
33min

— Memo —

・如果沒有Pomponnette小圓蛋糕模具，使用馬芬模具亦可。
・泡芙麵糊使用的蛋量，請配合作法10的麵糊硬度做調整。

8. 關火後將低筋麵粉全部加入，以橡皮刮刀拌成團。

9. 再次以大約中火的火力加熱，一邊攪拌一邊加熱至鍋底形成薄膜。

10. 將9倒入缽盆中，然後將全蛋大約分成5次加入，每次加入時都要充分攪拌均勻。舀起麵糊之後，麵糊會在橡皮刮刀上留下一個倒三角形的形狀時，即表示麵糊的硬度適中。

完成

11. 將6放入缽盆中，以橡皮刮刀攪拌至軟化後，與10混合，然後填入裝有圓形擠花嘴的擠花袋中備用。

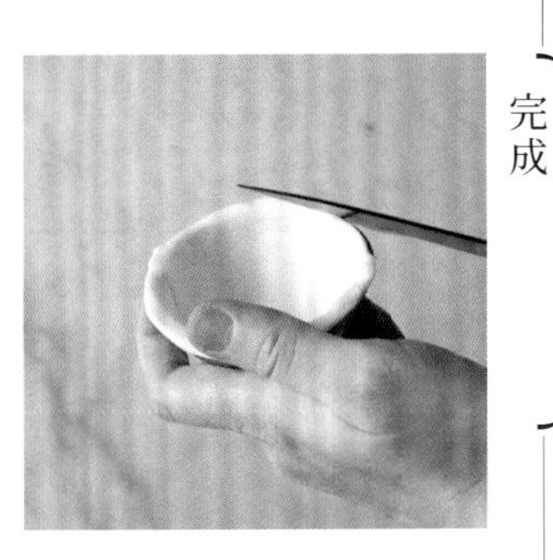

12. 將1的派皮毫無間隙地貼附在模具裡，然後切除超出模具邊緣的部分。

13. 在12的每個模具中分別放入5g覆盆子果醬，再將11分成6等分擠入模具中，然後用手指沾水將表面漂亮地抹平。

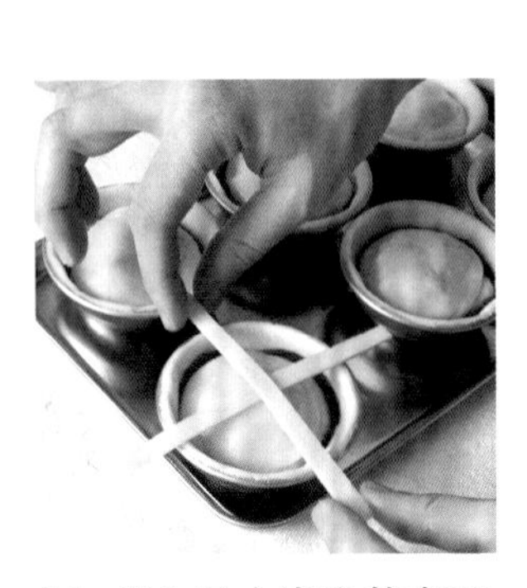

14. 將2呈十字形放在13的上面，切除超出模具的部分。放入連同烤盤一起預熱至200℃的烤箱中，烘烤15分鐘之後，不要取出，將溫度調降至170℃，繼續烘烤18分鐘。

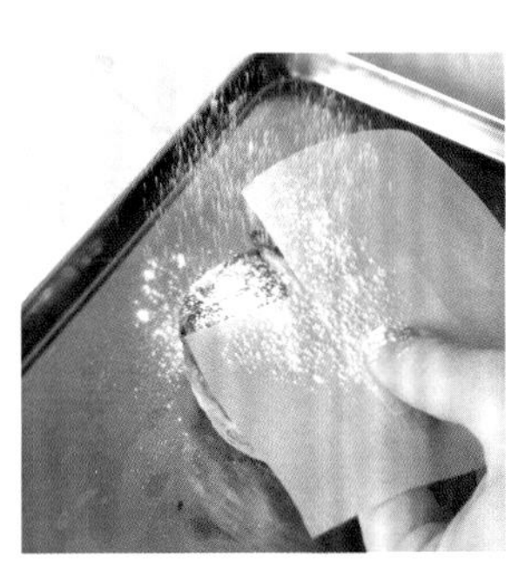

15. 如上圖所示裁剪烘焙紙等，遮蓋著篩撒上糖粉。

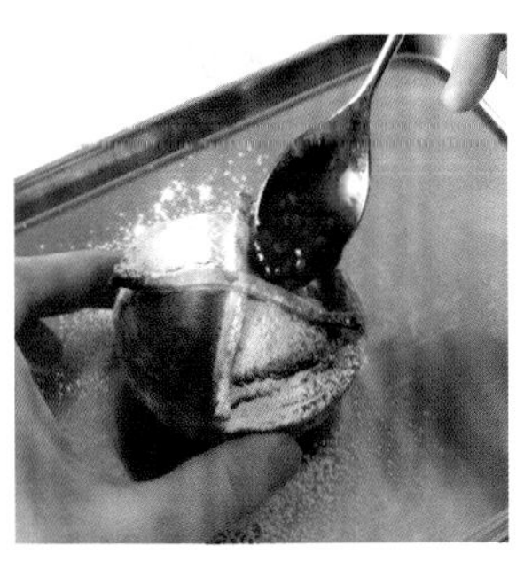

16. 用湯匙將覆盆子果醬塗抹在沒有撒上糖粉的部分。

p.69 →

談話餅

材料 — Pomponnette【φ65㎜(38㎜)×高25㎜】6個份

【杏仁奶油醬】
無鹽奶油…45g
香草莢醬…1g
糖粉…45g
全蛋…45g
杏仁粉…50g

【糖煮蘋果】
蘋果…1個
細砂糖…25g
檸檬汁…1/2小匙
無鹽奶油…10g

派皮(冷凍)
約10×20cm…2張

【蛋白糖霜】
糖粉…50g
低筋麵粉…5g
蛋白…10g

杏仁奶油醬

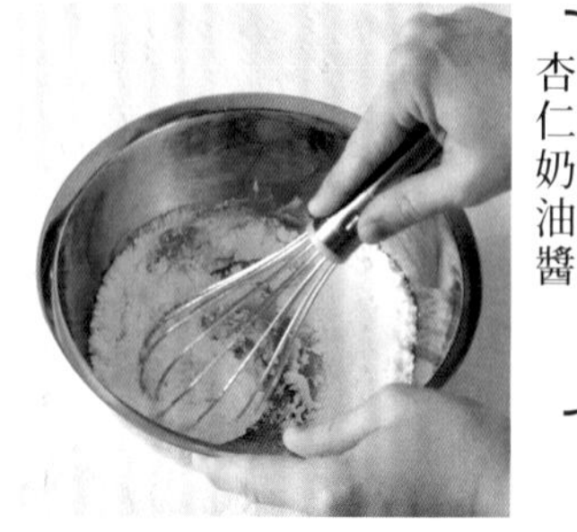

1. 將奶油放入缽盆中,以打蛋器研磨攪拌。加入香草莢醬攪拌。再加入糖粉,慢慢地研磨攪拌至直到沒有粉粒為止。

2. 將全蛋大約分成3次加入缽盆中,每次加入時都要充分攪拌均勻。

3. 加入杏仁粉,以橡皮刮刀攪拌至變得均勻。放在冷藏室中靜置1小時。

糖煮蘋果

4. 蘋果切成約2cm大小的丁塊。

5. 將蘋果、細砂糖、檸檬汁和奶油放入耐熱容器中,包覆保鮮膜,以500W的微波爐加熱3分鐘。取下保鮮膜,輕輕攪拌之後,不包覆保鮮膜再加熱2分鐘,放涼備用。

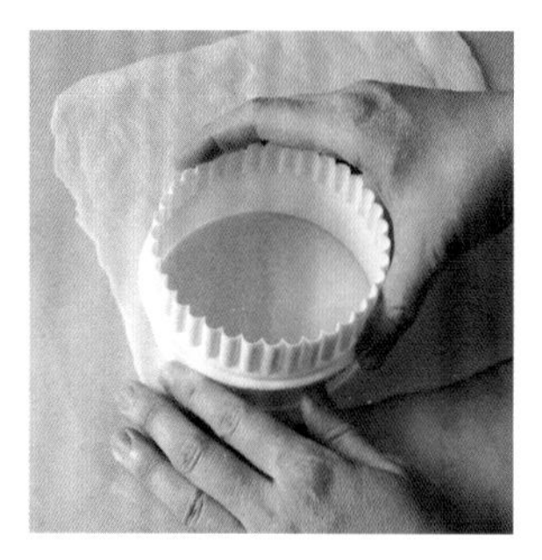

6. 將派皮擀成約2倍的大小,放入冷凍庫中,冷卻成容易操作的硬度之後,使用比模具大的壓模,壓出6份圓形派皮,放入冷凍庫中備用。

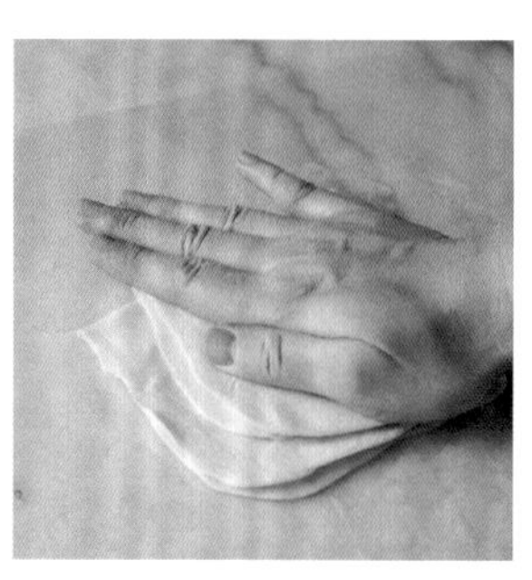

7. 將剩餘的派皮摺疊般重疊,擀成約23cm×15cm的大小,以便在後續步驟壓出6個可作為頂蓋的圓形派皮。放入冷凍庫中冷卻備用。

8. 將6的派皮毫無間隙地緊緊貼在模具裡。

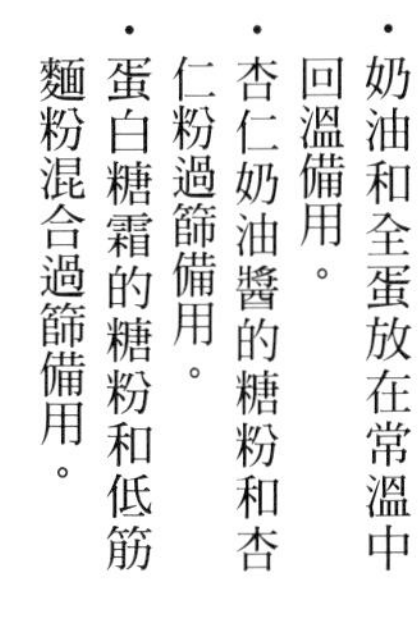
前置作業

・奶油和全蛋放在常溫中回溫備用。
・杏仁奶油醬的糖粉和杏仁粉過篩備用。
・蛋白糖霜的糖粉和低筋麵粉混合過篩備用。

9. 將3的杏仁奶油醬裝入擠花袋中，在派皮的底部擠入少許。

10. 接著在每個派皮中放入3塊5的糖煮蘋果。

11. 然後由上方擠入其餘的杏仁奶油醬，再將表面抹平備用。

12. 將7的派皮切成6等分，蓋在11的上面，然後以擀麵棍滾壓派皮。

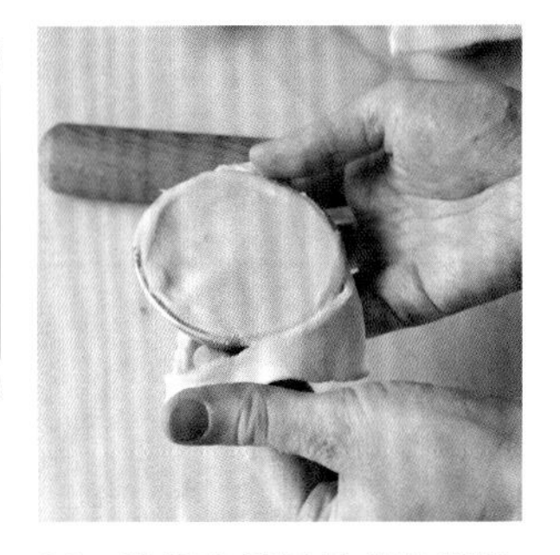
13. 將超出模具的部分切除之後，放在冷藏室中靜置1小時。

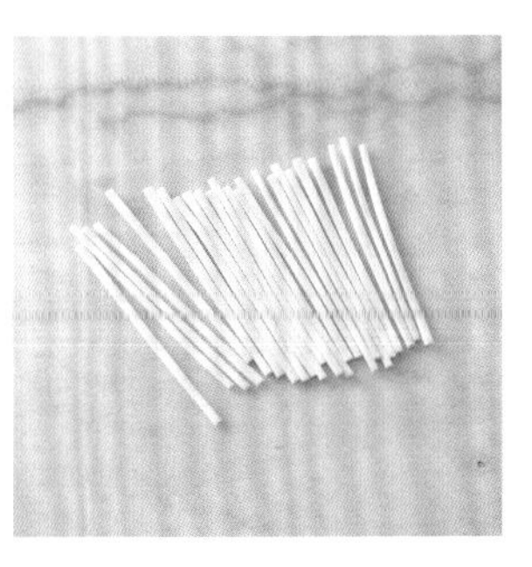
14. 將13切除的部分摺疊般集中成團，擀成薄薄的長方形之後放入冷凍庫中。冷卻成可以切開的硬度之後，切成24條寬2mm的長條，放入冷凍庫中冷卻備用。

蛋白糖霜

15. 將糖粉和低筋麵粉放入鉢盆中，再放入蛋白，以橡皮刮刀充分研磨攪拌。

完成

16. 以抹刀將15薄薄地塗抹在13的上面。

17. 使用4條14，呈格子狀貼在每個派皮的上面，切除超出模具的部分。用牙籤在大約4個地方戳洞。以連同烤盤一起預熱至180℃的烤箱烘烤30分鐘。

Level

45min

30min

2h

Memo

・如果沒有Pomponnette小圓蛋糕模具，使用馬芬模具亦可。
・如果有多餘的糖煮蘋果，盛在優格或冰淇淋上享用也很美味。
・建議在剛出爐時品嚐。請趁蛋白糖霜酥酥脆脆的時候享用！

甜點的包裝

常溫糕點常常是送給他人的禮物。
在此介紹一些利用家中現有材料就能完成包裝的創意方法。

牛皮紙盒 × 數種常溫糕點

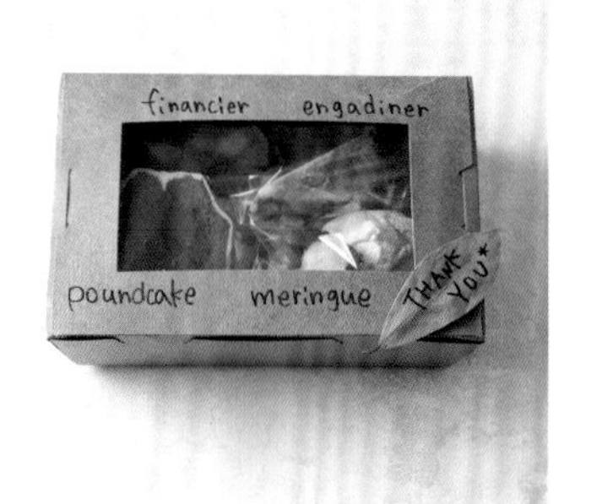

烘焙紙 × 餅乾

布和麻繩 × 磅蛋糕

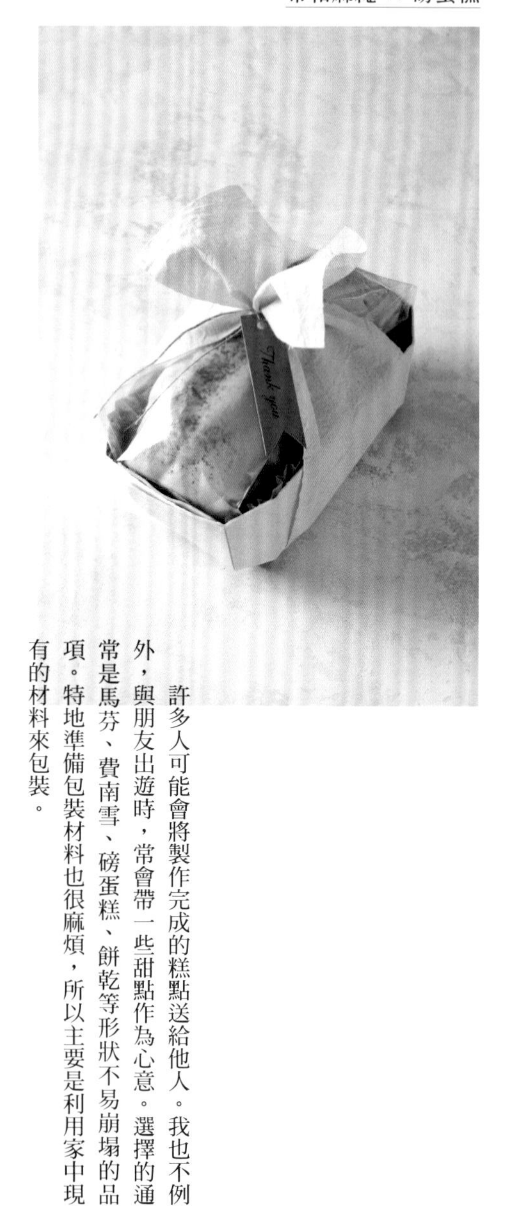

許多人可能會將製作完成的糕點送給他人。我也不例外，與朋友出遊時，常會帶一些甜點作為心意。選擇的通常是馬芬、費南雪、磅蛋糕、餅乾等形狀不易崩塌的品項。特地準備包裝材料也很麻煩，所以主要是利用家中現有的材料來包裝。

最上方的照片是用油性筆在牛皮紙盒上寫些文字，然後貼上月桂葉。單單用油性筆在牛皮紙袋上寫字就散發著時尚感，搭配新鮮的迷迭香或百里香作為點綴也相當迷人。左上方是將烘焙紙裁切成適當的大小之後對折，然後用縫紉機將兩邊縫起來。如果沒有縫紉機，改用手縫也很可愛（這時候使用粗一點的線比較容易縫製）！袋子的大小可以輕易地調整，烘焙紙或是縫線的顏色則是能夠隨心所欲地變化。右上方的照片是將磅蛋糕裝入袋子裡，再放入白楊木磅蛋糕盒中，但其實僅是用布包裹裝在袋裡的糕點就能呈現高雅的氛圍。這裡用麻繩繫上標籤，然後打個結。如果把布裁剪得細一點，還可以當成緞帶，所以如果家裡有布的話會很方便。

PART. 3

經典的水果甜點

糖漬橙片巧克力布列塔尼酥餅

← p.78

以我喜愛的糖漬橙片巧克力和布列塔尼酥餅組合而成的夢幻甜點。經過乾燥濃縮而成的柳橙鮮味和微帶苦味的布列塔尼酥餅，是專爲成人設計的口味。也請好好享受截然不同的口感。

使用的水果
柳橙

日本柚子餅乾

我非常喜歡吃檸檬餅乾，如果改用日本柚子試做看看，不曉得好不好吃？因爲有了這個念頭，所以設計了這道食譜。最後製作出瀰漫著柚子高雅香氣，符合期待的美味餅乾。

← p.80

使用的水果) 日本柚子

p.76 →

糖漬橙片巧克力布列塔尼酥餅

材料—
ϕ6㎝圓形圈6個份

糖漬柳橙（切片）…6片

【布列塔尼酥餅麵團】
- 無鹽奶油…80g
- 糖粉…50g
- 鹽…1撮
- 蛋黃…20g
- A
  - 低筋麵粉…60g
  - 可可粉…12g
  - 杏仁粉…12g
  - 泡打粉…0.5g

烘焙用甜巧克力…100g

1. 將糖漬柳橙的糖漿擦拭乾淨，放在烤網上，以100℃的烤箱烘烤1小時（在30分鐘時翻面1次），然後放在室溫中晾乾備用。

布列塔尼酥餅麵團

2. 將奶油以打蛋器攪拌成乳霜狀，再加入糖粉和鹽攪拌。

3. 加入蛋黃攪拌。

7. 使用比圓形圈小一圈的模具（照片中的是58㎜的麵皮壓模）壓出圓形麵皮。剩餘的聚攏擀平之後，再度壓出麵皮。

8. 將壓出的圓形麵皮排列在鋪有SILPAIN烘焙墊的烤盤上面，套上圓形圈，然後以預熱至170℃的烤箱烘烤28分鐘。

9. 待烘烤完成之後取下圓形圈，充分放涼備用。

Level

40min

1h/28min

13h

4. 加入A再以切拌的方式，用橡皮刮刀混拌直到沒有粉粒為止。

5. 將4的麵團整平成均等的厚度，以保鮮膜包覆，然後靜置一個晚上。

6. 將搓揉成團的麵團擀平成1cm的厚度，放入冷藏室1小時左右。

完成

10. 將1放在9的上面。

11. 將10的一半迅速浸入已經調溫過的巧克力中，再立刻取出，使其包覆巧克力外衣。

Memo

- 如果有現成的糖漬橙片巧克力，當然也可以直接使用。這次為大家介紹的是簡易的作法。
- 因為需要調溫的巧克力分量不多，所以我使用美可優可可脂粉（Mycryo）。也可以將免調溫巧克力融化之後使用。

前置作業

- 烤箱預熱至100℃。
- 糖粉過篩備用。
- A混合過篩備用。
- 奶油和蛋黃放在常溫中回溫備用。

p.77 →

日本柚子餅乾

材料——6cm六角形模具8片份

【餅乾麵團】
無鹽奶油⋯25g
糖粉⋯17g
鹽⋯1撮
全蛋⋯7g
日本柚子皮⋯1/2個份
低筋麵粉⋯45g
杏仁粉⋯5g

【覆面糖霜】
糖粉⋯25g
日本柚子汁⋯5g

前置作業
・日本柚子皮刨成碎屑，果實榨出果汁備用。
・奶油和全蛋放在常溫中回溫備用。
・餅乾麵團的糖粉過篩備用。低筋麵粉和杏仁粉混合過篩備用。
・覆面糖霜的糖粉過篩。

Level
25min
15min/1min
13h

餅乾麵團

1. 將奶油放入缽盆中，以打蛋器研磨攪拌。加入糖粉和鹽，慢慢研磨攪拌至沒有粉粒為止。

2. 將全蛋分成2次加入缽盆中，每次加入時都要充分攪拌均勻。

3. 加入日本柚子皮、低筋麵粉和杏仁粉，以橡皮刮刀大幅度地翻拌。

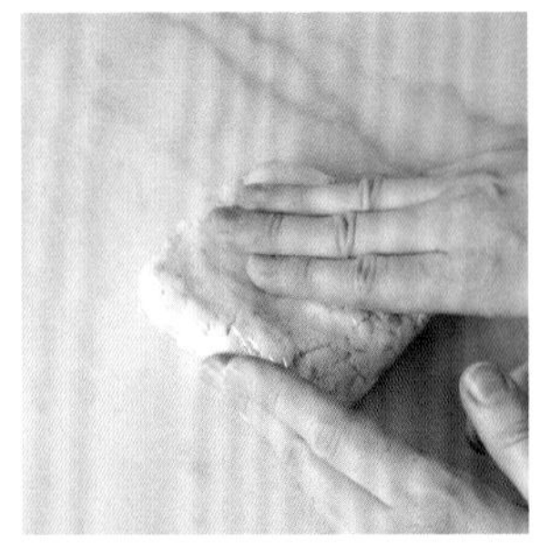

4. 集中成一團之後，取出麵團，以保鮮膜包覆，如圖所示整平成均等的厚度，放入冷藏室中靜置一個晚上。

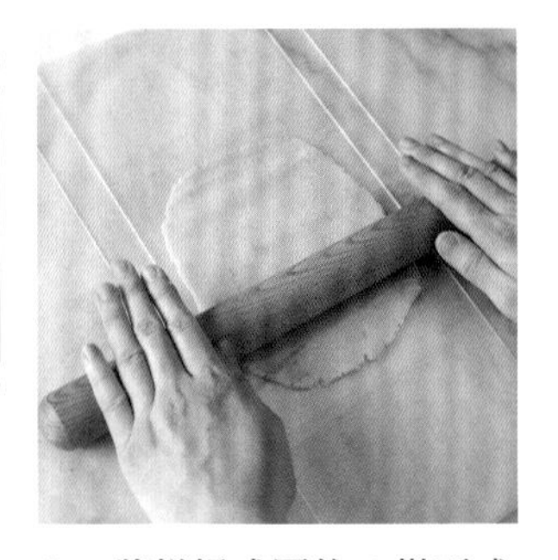

5. 將搓揉成團的4擀平成3mm的厚度，放入冷藏室1小時左右。

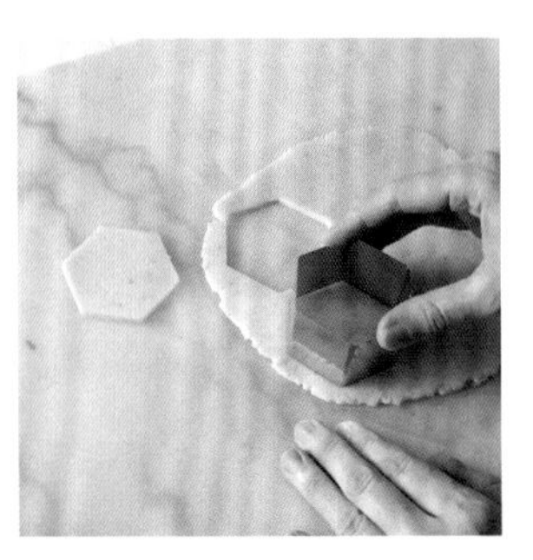

6. 使用餅乾壓模將麵團壓出形狀。剩餘的聚攏擀平之後，再度以壓模壓出形狀。

7. 將6排在鋪有SILPAIN烘焙墊的烤盤上，以預熱至160℃的烤箱烘烤15分鐘，充分放涼備用。

覆面糖霜

8. 將糖粉放入缽盆中，加入日本柚子汁充分攪拌均勻。

完成

9. 用毛刷將覆面糖霜塗抹在已經放涼的餅乾上面。放在網架上，以200℃的烤箱烘烤1分鐘之後取出。待餅乾表面變得乾燥酥脆為止。

蒙布朗可麗露

可麗露的進化版。這次還奢侈地與蒙布朗結合，讓甜點的層次更上一層樓。這款可麗露不僅口感更Q彈，而且與濃郁的蒙布朗栗子醬堪稱完美絕配。

← p.82

使用的水果
栗子澀皮煮、栗子泥

p.81 →

蒙布朗可麗露

材料 — 矽膠富彈性可麗露模具小型18入18個份

【可麗露麵糊】
- 栗子泥…60g
- 蘭姆酒…20g
- 蛋黃…30g
- 蛋白…10g
- 牛奶…250mℓ
- 香草莢醬…1g
- 無鹽奶油…10g
- 高筋麵粉…25g
- 低筋麵粉…40g
- 細砂糖…75g
- 紅糖…15g
- 無鹽奶油…適量（塗抹模具用）

【蒙布朗栗子醬】
- 栗子泥…70g
- 無鹽奶油…7g
- 鹽…1撮
- 栗子澀皮煮…1個
- 金箔…適量

可麗露麵糊

1. 將栗子泥放入缽盆中，然後將蘭姆酒大約分成3次加入，每次加入時都要以橡皮刮刀仔細攪拌，將栗子泥漸漸稀釋。同樣的，將蛋黃以及蛋白也大約分成3次加入缽盆中，每次加入時也都要攪拌。

2. 將牛奶和香草莢醬放入單柄鍋中，加熱至60℃，然後放入奶油，使其溶化。

3. 取另一個缽盆，放入高筋麵粉、低筋麵粉、細砂糖和紅糖，以打蛋器一圈圈地攪拌。

4. 將 2 一口氣加入 3，以打蛋器攪拌。

5. 將 1 也加進去攪拌。

6. 將麵糊過濾1次之後，放在冷藏室中靜置24小時以上。在送入烤箱烘烤的大約1小時之前，從冷藏室中取出，放在常溫中回溫備用。

7. 將烤箱連同烤盤一起預熱至230℃。以橡皮刮刀緩緩地將 6 攪拌均勻。

8. 將 7 移入量杯等容易倒出的容器中。

Level

30min

1h

24h

前置作業

- 蛋黃和蛋白分別計量之後混合，放在常溫中回溫備用。
- 高筋麵粉和低筋麵粉混合過篩備用。
- 塗抹模具用的奶油和蒙布朗栗子醬的奶油，在開始製作之前要先放在常溫中回溫備用。

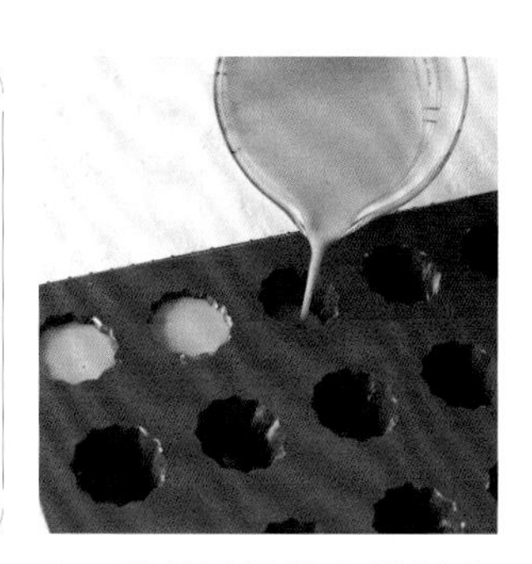

9. 將奶油塗抹在模具內側，然後倒入8直到八分～九分滿。

10. 將烤盤從烤箱中取出，擺上9，以220℃烘烤20分鐘。不要取出，將溫度調降至170℃，烘烤40分鐘。從烤箱中取出，就這樣放置不動10分鐘左右，然後將模具倒扣，使可麗露脫模，放涼備用。

蒙布朗栗子醬

11. 將栗子泥放入缽盆中，以橡皮刮刀攪拌之後加入奶油和鹽，仔細攪拌均勻。

完成

12. 栗子澀皮煮切成小塊。

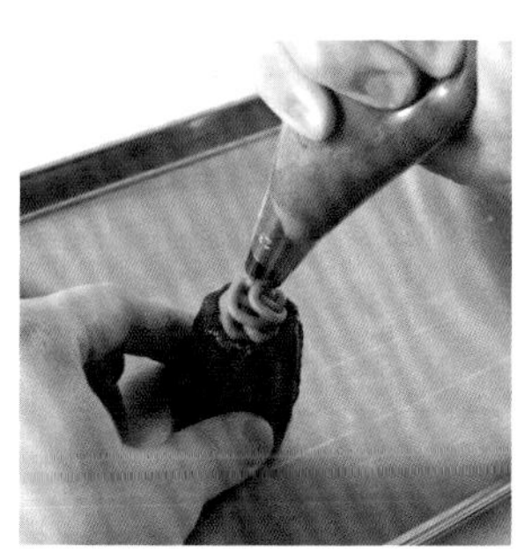

13. 將個人喜歡的擠花嘴安裝在擠花袋上，然後填入蒙布朗栗子醬，擠在可麗露的上面。

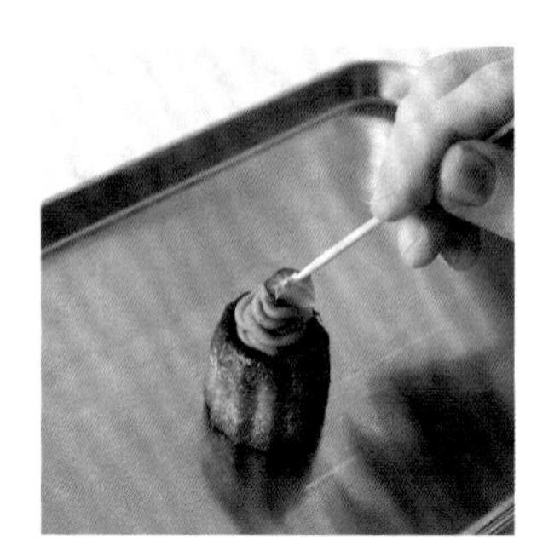

14. 放上栗子澀皮煮，再以金箔點綴。

Memo

- 可麗露的製作重點在於：牛奶的溫度要確實地測量；麵糊不要打發、不要過度攪拌；麵糊要充分靜置、放在常溫中回溫。此外，預熱時不要依賴烤箱的蜂鳴器通知，要確實地測量烤箱的箱內溫度。可麗露的溫度相當重要。
- 這款可麗露請放在冷藏室中保存。

葉子派

這是專爲派皮剩餘的邊角料所設計的惜食食譜。輕輕鬆鬆就能完成，幾乎沒人可以抗拒的經典甜點。雙目糖的沙沙口感是品嚐時的重點。請以自己喜歡的果醬作爲夾餡，好好地享用吧。

使用的水果 × 藍莓果醬

★ Level
10min
25min
10min

材料 — 6片份

派皮（冷凍）
：約10cm×20cm 2張
藍莓果醬：適量
雙目糖：適量

前置作業

・將派皮從冷凍庫取出，回溫至半解凍的狀態。
・烤箱預熱至180℃。

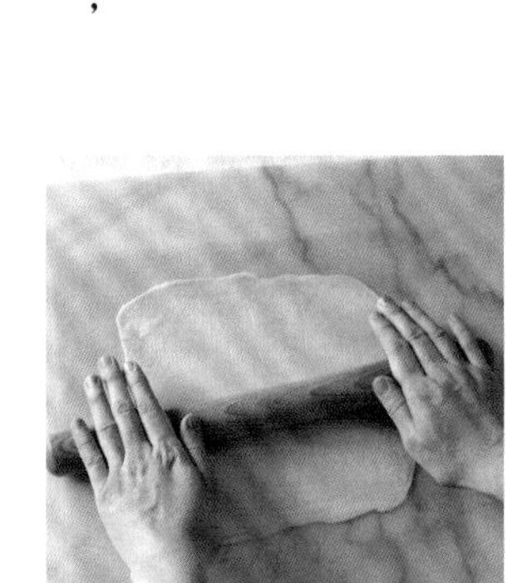

1. 將派皮以擀麵棍擀成原本2倍的大小，再冷凍10分鐘左右。

2. 以壓模壓出12片派皮。

3. 將2取6片排列在鋪有SILPAT烘焙墊的烤盤上，以茶匙舀取大約1匙份的藍莓果醬放在派皮上面，果醬與派皮邊緣之間需留空間。

4. 剩餘的6片派皮，以刀子刻劃葉脈的紋路，由上方撒下雙目糖，然後用手輕輕按壓。

5. 將4覆蓋在3的上面。

6. 以180℃的烤箱烘烤10分鐘之後，從烤箱中取出，以烘焙紙蓋住，用鍋鏟之類的器具從上方按壓，然後再放入烤箱烘烤15分鐘。

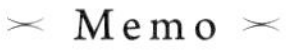

Memo

・當派皮在製作過程之中軟化，變得不易操作時，請放入冷凍庫冷卻一下。
・為了避免果醬從破裂的麵皮滲出，在派皮上刻劃紋路時，請盡可能不要將刀痕刻得太深。
・在作法6按壓葉子派時，烤箱溫度請維持在180℃。
・雙目糖可以改用細砂糖來代替。

燕麥餅乾

在越嚼越有味、口感酥脆的燕麥餅乾中加入了大量的葡萄乾。不需要靜置發酵的時間，只用一個缽盆就能立刻完成，這種簡單感充滿魅力。有製作點心的興致時，請務必試著做看看。

使用的水果
× 葡萄乾

★ Level

10min

13min

材料——8片份

葡萄乾：20g
無鹽奶油：35g
紅糖：25g
楓糖漿：15g
蛋白：10g
燕麥片：50g
A 低筋麵粉：35g
　泡打粉：1g
　肉桂粉：0.5g
　肉豆蔻粉：微量
鹽：1撮
核桃：15g

前置作業

- A混合過篩備用。
- 核桃以160℃的烤箱烘烤10分鐘之後先切碎備用。
- 烤箱預熱至180℃。

1. 將葡萄乾放入缽盆中，倒入滾水（分量外），浸泡約1分鐘之後，充分瀝乾水分備用。

2. 將奶油放入另一個缽盆中，隔水加熱融化。

3. 依照順序將紅糖、楓糖漿、蛋白加入2之中，每次加入時都要以打蛋器攪拌。

4. 將燕麥片加入3之中，以橡皮刮刀混拌。

5. 將A和鹽加入4之中，在還殘留少許粉粒的狀態下，加入1的葡萄乾和核桃混合在一起。

6. 將SILPAT烘焙墊鋪在烤盤裡，接著將5分成8等分，用手揉圓之後排列在烤盤上面。

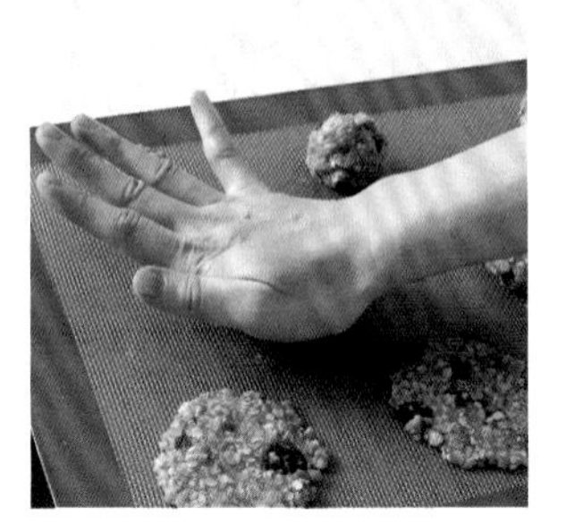

7. 用手掌盡可能壓平成薄片（以直徑約7cm為準），以180℃的烤箱烘烤13分鐘。

Memo

- 如果顏色烤得太淺，口感會變得不一樣，所以請確實烤到變成褐色為止。

覆盆子熔岩巧克力蛋糕

因爲這個食譜很簡單，所以希望大家務必使用美味的巧克力來製作。同時，建議選用可可含量較高的巧克力來搭配覆盆子。盛上冰淇淋，享受溫度差異，吃起來也很美味。

← p.90

使用的水果
覆盆子

蘭姆葡萄巧克力瑪德蓮

這是我在製作這本書的時候，第一個想要分享給大家的食譜。質地濕潤的瑪德蓮裹上一層又薄又酥脆的糖霜，口感棒極了。喜歡蘭姆酒漬葡萄乾的人一定要做做看。

← p.91

使用的水果

蘭姆酒漬葡萄乾

p.88 →

覆盆子熔岩巧克力蛋糕

材料 — 耐熱容器（φ80㎜×高35㎜）3個份

烘焙用苦巧克力：90g
無鹽奶油：75g
細砂糖：30g
鹽：1撮
全蛋：120g
可可粉：8g
玉米粉：7g
覆盆子：18個

前置作業

- 巧克力切碎備用。
- 奶油切成小塊備用。
- 全蛋於常溫回溫備用。
- 可可粉和玉米粉混合。
- 烤箱連同烤盤一起預熱至180℃。

Level ★
10min
10min

1. 將巧克力以及奶油放入缽盆中，隔水加熱融化直到40℃。

2. 將細砂糖、鹽、全蛋加入1之中，每次加入時都要以打蛋器充分攪拌均勻。

3. 將可可粉和玉米粉以小濾網過篩加入之後攪拌。

4. 平均分配倒入3個耐熱容器中。

5. 以180℃的烤箱烘烤5分鐘之後取出，在每個容器中擺放6個覆盆子，然後再以相同的溫度烘烤5分鐘。

Memo

- 因為沒有加入低筋麵粉，所以即使中間黏糊糊的也不用擔心！請依據容器調整烘烤時間。

p.89 →

蘭姆葡萄巧克力瑪德蓮

材料 — 松永製作所瑪德蓮貝殼模具8個份

【瑪德蓮麵糊】
全蛋…60g
蜂蜜…15g
A
低筋麵粉…45g
可可粉…22g
細砂糖…45g
泡打粉…2g
烘焙用甜巧克力…30g
無鹽奶油…75g
蘭姆酒漬葡萄乾…30g

【覆面糖霜】
糖粉…75g
水…10g
蘭姆酒…5g

前置作業
・A混合過篩備用。
・全蛋於常溫回溫備用。
・覆面糖霜的糖粉過篩。

★★ Level
25min
13min/1min
1h

瑪德蓮麵糊

1. 將全蛋和蜂蜜放入缽盆中，以打蛋器攪拌。

2. 另取一個缽盆，先放入A的材料，再加入1，以打蛋器攪拌。

3. 另取一個缽盆，放入切碎的巧克力和切成小塊的奶油，隔水加熱融化至40～45℃。再分成3次加入2之中，每次加入時都要攪拌。

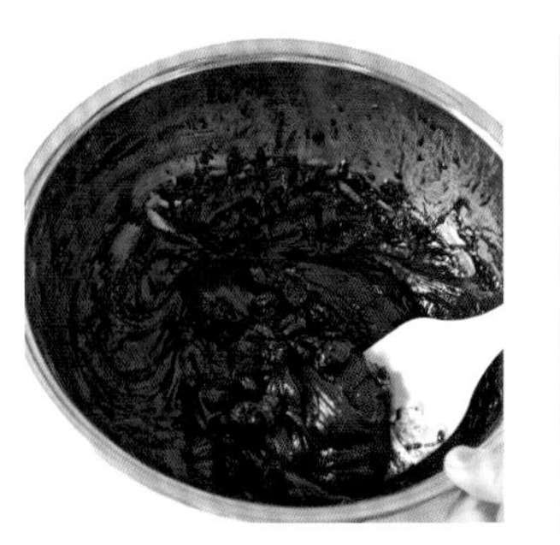

4. 將蘭姆酒漬葡萄乾加入3之中，改用橡皮刮刀繼續攪拌。接著在常溫中靜置1小時。

5. 將油脂（分量外）塗抹在模具內，把4填入擠花袋之後擠在模具中，然後輕輕抹平表面。以連同烤盤一起預熱至180℃的烤箱烘烤13分鐘，從模具中取出之後，充分放涼備用（如果是在夏天製作的話，麵糊要放在冷藏室靜置1小時，使用前請先放在常溫中回溫至可以從擠花袋中擠出的硬度）。

覆面糖霜

6. 將糖粉放入缽盆之中，加入水以及蘭姆酒之後充分攪拌。

完成

7. 用毛刷將覆面糖霜塗抹在已經放涼的瑪德蓮表面。放在網架上，以200℃的烤箱烘烤約1分鐘～1分鐘半，直到表面微微出現透明感。

8. 從烤箱中取出，晾乾至表面變得酥脆。

法布魯頓

法布魯頓是法國布列塔尼地區傳統的鄉土糕點。軟Q的口感非常美味。製作方法不難，輕輕鬆鬆就能完成，所以是我希望能在日本更普及的甜點之一。

使用的水果
×
洋李乾

★ Level

10min

40min

12h

材料 — 馬芬模具（每個φ73㎜×高28㎜）6個份

全蛋：45g
蛋黃：10g
細砂糖：25g
紅糖：15g
鹽：1撮
香草莢醬：2g
低筋麵粉：45g
牛奶：120㎖
鮮奶油（動物性47%左右）：75g
蘭姆酒：7g
洋李乾：9個
無鹽奶油（模具用）：適量
細砂糖（模具用）：適量
糖粉：適量

前置作業

・全蛋和蛋黃分別計量之後混合備用。
・低筋麵粉過篩備用。

1. 將全蛋以及蛋黃放入鉢盆中，加入細砂糖、紅糖、鹽和香草莢醬，再以打蛋器攪拌。

2. 加入低筋麵粉攪拌。

3. 逐步少量地加入牛奶、鮮奶油和蘭姆酒，每次加入時都要以不會打發起泡的方式充分攪拌。

4. 將3過濾1次之後，放在冷藏室中靜置一個晚上。

5. 從冷藏室取出4，以橡皮刮刀緩緩地攪拌均勻，使麵糊融合在一起。烤箱連同烤盤一起預熱至180℃。

6. 將洋李乾切成2等分。

7. 將已經在常溫中回溫的奶油塗抹在模具內，然後撒滿細砂糖。

8. 在每個模具中放入3塊洋李乾。

9. 將5平均分配倒入模具中，以180℃的烤箱烘烤40分鐘。依照個人喜好撒上糖粉。趁熱在上面擺放冰淇淋，吃起來也很美味。

我愛用的器皿

在製作甜點時，令人特別感興趣的器皿、玻璃杯和餐具。

在此為大家介紹一些我日常經常使用的物品。

a

b

c

d

e

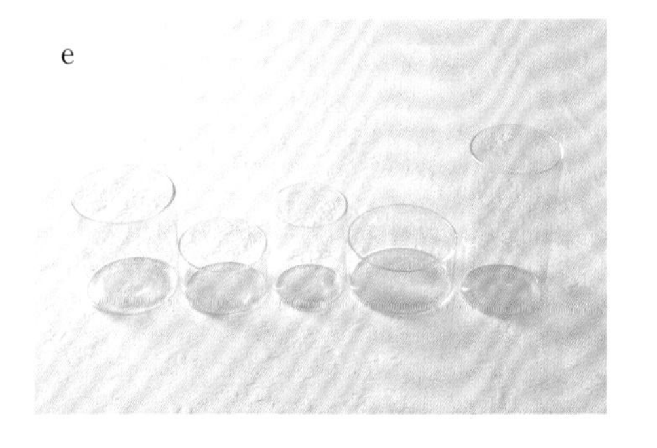

f

a. PUEBCO的砧板

附有不鏽鋼提把、造型帥氣的砧板，使用的次數越多，越能展現獨特的趣味，這是我喜愛它的原因。除了用來切食材之外，由於我很喜歡上面的品牌金屬標籤，所以常為了展示那個部分而在做擺盤設計時使用它。

b. 土本製陶所

我特別喜歡這款浮雕系列。大型的橢圓盤恰好擺得下1個磅蛋糕模具，就是所謂「這個正是我一直在尋找的！」理想的盤子。簡單的甜點在浮雕系列的襯托之下看起來備感華麗。

c. 竹俣勇壱的銀製品

具有宛如古董的質感，外觀看起來很美是其魅力所在。不僅如此，餐具是配合日本人的嘴型大小，經過計算之後設計出來的，這也是我喜歡它的理由之一。

d. 古董器皿

古董是獨一無二的，永遠不可能再遇到完全相同的物品。這種好像尋寶的感覺讓我深深著迷。拍攝色彩單一的褐色常溫糕點其實並不容易，但是只要將它們擺在古董盤子上面，瞬間就會變得如畫般美麗。

e. VISION GLASS

我喜歡它筆直的線條造型和玻璃的清透感。除了盛裝飲料之外，有時也用來製作玻璃杯甜點，不管怎麼說，可以放進烤箱烘烤這一點深得我心。如果使用它來製作本書介紹的甜點，例如熔岩巧克力蛋糕或舒芙蕾，完成之後的外觀一定非常吸引人。

f. 角田淳的茶杯&茶碟

雖然是高腳的設計，但品味出眾，適度地展現出高雅的存在感。我特別喜歡它的藍灰色調，給人一種清爽的感覺。因為茶碟也可以當做盤子使用，所以有時我會用來盛放瑪德蓮和費南雪這類小型的常溫糕點。

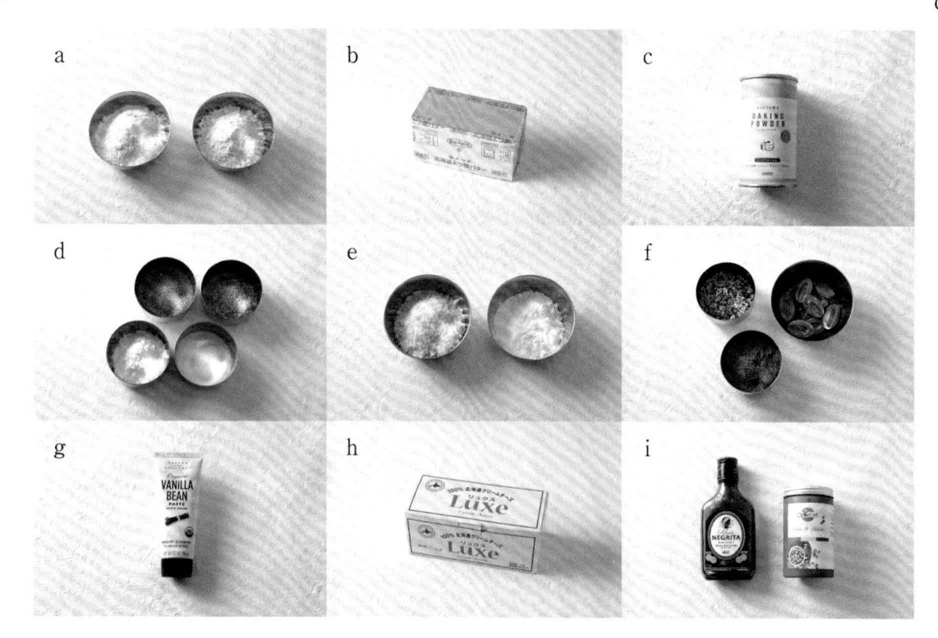

我製作甜點時必備的材料

這裡將爲大家介紹本書食譜所使用的材料。請在今後採買及添購相關物品時作爲參考。

a. 粉類

法國產小麥製成的ECRITURE低筋麵粉（右），特色是顆粒粗、觸感非常乾爽鬆散、不易結塊，像餅乾之類想烤得酥酥脆脆的甜點，推薦使用ECRITURE。以美國產的優質小麥為主原料的特寶笠低筋麵粉（左），蛋白質含量較少，能夠烘烤出質地濕潤的成品，以及做出鬆軟的口感。當然不論使用什麼樣的低筋麵粉都可以，但是我覺得像這樣試著根據用途選擇不同的低筋麵粉做做看也充滿樂趣。

b. 奶油

作為製作甜點的基本材料，我選擇的是四葉奶油的無鹽奶油。無鹽奶油能為糕點增添奶香以及濃醇風味。如果沒有用完，可以切成小塊之後冷凍保存，非常方便。

c. 泡打粉（cotta原創配方）

為了做出鬆軟輕盈的甜點，會使用泡打粉。我選用的是無鋁泡打粉。這款泡打粉不僅能夠讓麵糊在短時間內充分膨脹，還能防止成品在烤好之後出現縮腰塌陷的情況。

d. 砂糖類

右上方的粗紅糖是法國產的紅糖，由於顆粒較粗，所以在想要為甜點增添酥脆感和濃醇感時使用。右下方的細砂糖，由於顆粒細小，所以很容易在短時間內與麵糊融合，做出的成品具有高雅的甜味，清爽不膩口。左上方的黍砂糖含有許多礦物質，所以成品的味道濃醇，別具風味。左下方是糖粉。

e. 杏仁粉和玉米粉

杏仁粉是將杏仁果仁研磨成粉狀，在想要做出味道濃醇、質感濕潤的甜點時使用。此外，如果用於製作餅乾或塔皮，可以做出嚼勁絕佳，入口即溶的口感。玉米粉是以玉米澱粉製作而成，我會在想要做出帶有半熟感的蛋糕體時使用。

f. 烘焙用巧克力、可可粉、可可豆碎粒

我所使用的烘焙用巧克力和可可粉，是來自深受全球頂尖甜點師傅喜愛的法國法芙娜公司。之所以偏愛這品牌是因為其擁有濃厚的可可風味。此外，他們的可可豆碎粒是切割成較大的顆粒，口感更加獨特，在此推薦給大家。

g. 香草莢醬

一般使用香草莢時，必須用刀子剖開莢殼，刮取裡面的香草籽，但是如果使用香草莢醬，就可以省下這道麻煩的工夫，輕鬆享受正宗的風味。軟管包裝的類型使用起來很方便，推薦給大家。

h. 奶油乳酪

使用100%北海道初榨生乳製作而成，新鮮又富含奶香的LUXE奶油乳酪，由於質地柔軟滑順，所以在製作糕點時非常容易操作。本書是用它來做巴斯克乳酪蛋糕。至於加在馬芬裡的奶油乳酪，如果你喜歡酸味或鹹味較重的產品，我推薦選用kiri的奶油乳酪。請試著依照個人喜好，分別使用不同的產品。

i. 開心果泥和蘭姆酒

Granbell的開心果泥是以去殼的綠色開心果為原料，烘烤過後用滾輪碾磨機仔細加工製成，因此具有開心果獨特的濃郁風味。蘭姆酒則是以甘蔗製成的蒸餾酒，我會在想要讓甜點散發出香氣時使用，特別是NEGRITA蘭姆酒，即使加入常溫糕點中香氣也不會散失，所以推薦給大家。

yuka*cm

食物調理搭配師。日本菓子專門學校畢業。曾任職於蛋糕店，也曾共同經營磅蛋糕的批發工作等，目前從事企業的食譜開發、活動的演講，以及擔任咖啡廳菜單和地方美食的監修工作等，非常活躍。在Instagram上發表的貼文以樸素的甜點為主。巴斯克乳酪蛋糕和可麗露的食譜造成話題，目前擁有8.6萬名粉絲。著有《可愛的樸素甜點》（大和書房）一書。
cotta的官方合作夥伴。

Instagram　@yuka_cm_cafe

日文Staff

書籍設計　三上祥子（Vaa）
攝影　原幹和
造型　ふかのほのか
校對　木野陽子
編輯　油利可奈（大和書房）

烘焙材料・器具支援
cotta　https://www.cotta.jp/
攝影支援
Fleuve　https://20200923.stores.jp/

果香豐盈的私藏甜點

水果×堅果×茶葉風味
為舌尖帶來幸福滋味的32道常溫甜點

2023年11月 1 日初版第一刷發行
2024年 8 月15日初版第二刷發行

作　　者　yuka*cm
譯　　者　安珀
編　　輯　吳欣怡
特約編輯　劉泓葳
發 行 人　若森稔雄
發 行 所　台灣東販股份有限公司
<地址>台北市南京東路4段130號2F-1
<電話>(02)2577-8878
<傳真>(02)2577-8896
<網址>https://www.tohan.com.tw
郵撥帳號　1405049-4
法律顧問　蕭雄淋律師
總 經 銷　聯合發行股份有限公司
<電話>(02)2917-8022

國家圖書館出版品預行編目（CIP）資料

果香豐盈的私藏甜點：水果×堅果×茶葉風味為舌尖帶來幸福滋味的32道常溫甜點 / yuka*cm 著；安珀譯. -- 初版. -- 臺北市：臺灣東販股份有限公司, 2023.11
96面；18.2×25.7公分
ISBN 978-626-379-081-0（平裝）

1.CST: 點心食譜

427.16　112016190

OYATSU NI TEMIYAGE NI CHOTTO TOKUBETSU NA OTONA NO KUDAMONOGASHI